新媒体传播先锋论丛

社会化媒体与公益营销传播

赵曙光　王知凡　著

复旦大学出版社

目　录

前言 /1
  第一节　研究背景 /1
  第二节　研究意义与价值 /2

第一章　文献综述 /1
  第一节　社会化媒体研究综述 /1
    1. 社会化媒体的概念界定 /1
    2. 社会化媒体的传播模式及特点 /3
    3. 社会化媒体营销方式及内容 /5
    4. 基于移动互联网的社会化媒体 /6
  第二节　公益营销传播研究综述 /8
    1. 公益营销传播现状与发展 /8
    2. 公益广告传播效果、模式与问题 /10
  第三节　社会化媒体公益营销传播研究 /11
    1. 社会化媒体公益营销传播机制 /11
    2. 社会化媒体公益营销传播效果 /12

第二章　研究方法 /16
  第一节　定性研究方法 /16
  第二节　定量研究方法 /18
    1. 样本量的确定 /18
    2. 数据分析方法 /19

3. 样本执行情况 / 19

第三章　社会化媒体公益营销传播现状 / 21
　第一节　社会化媒体的公益营销传播发展历程 / 21
　第二节　社会化媒体的公益营销传播特点分析 / 24
　　1. 超越推送的交互性 / 24
　　2. 时刻在线的及时性 / 25
　　3. 360°的公开透明 / 25
　　4. 从草根到精英的多元化主体 / 26
　　5. 低成本的口碑传播 / 26
　第三节　社会化媒体的公益营销传播类型分析 / 29
　　1. 政府组织的公益营销传播 / 29
　　2. 媒体组织的公益传播 / 30
　　3. NGO 组织发起的公益传播 / 31
　　4. 企业组织的公益传播 / 32
　　5. 网民组织发起的公益营销传播 / 33

第四章　社会化媒体公益营销传播的受众研究 / 34
　第一节　社会化媒体公益营销传播的受众人口统计特征 / 34
　　1. 男性比例高出女性 / 34
　　2. 年龄集中在 20—39 岁 / 34
　　3. 公司职员及管理人员居多 / 35
　　4. 公益参与者收入高于全国平均水平 / 36
　　5. 七成拥有大学及以上学历 / 37
　　6. 城市居民为主要参与者 / 38
　　7. 年轻的父母公益参与度高 / 38
　第二节　社会化媒体公益营销传播的受众用户心理与价值观 / 41
　　1. 大部分社会化媒体公益传播的参与者动机单纯 / 41
　　2. 助人型性格的受众更易参与公益 / 42

3. 帮助他人为多数受众的价值理念 / 43

　第三节　社会化媒体公益营销传播的受众行为分析 / 46

　　1. 持续性公益关注行为 / 46

　　2. 环境保护类内容最受关注 / 50

　　3. 捐款捐物为最常见的公益参与形式 / 51

　　4. 节约用水号召响应率最高 / 51

　　5. 人际传播重要性凸显口碑营销价值 / 52

　　6. 大部分参与者将公益内化成习惯 / 53

　　7. 参与者对公益的重视程度未来会有增加 / 58

　　8. 自然环境保护类公益活动最受欢迎 / 64

第五章　社会化媒体公益营销传播的效果研究 / 65

　第一节　社会化媒体公益营销传播的认知 / 65

　　1. 微博公益传播关注度最高 / 65

　　2. 半数以上受众会周期性关注 / 66

　　3. 公益组织的活动和新闻最受关注 / 69

　　4. 活动参与便捷性为受众关注的首要因素 / 71

　　5. 社会化媒体传播的转化率高且参与人次多 / 72

　第二节　社会化媒体公益营销传播的态度研究 / 79

　　1. 社会化媒体受众对公益关注度保持稳定 / 79

　　2. 社会化媒体公益传播的公信力受到挑战 / 82

　　3. 社会化媒体有效扩大公益行动参与规模 / 85

　　4. 淘宝支付成为最受欢迎的捐助方式 / 89

　第三节　社会化媒体公益营销的O2O发展 / 90

　　1. 社会化媒体公益营销传播的O2O起源及定位 / 90

　　2. 社会化媒体传播公益营销的O2O模式 / 90

　　3. 社会化媒体传播公益营销的O2O发展现状 / 93

第六章　社会化媒体公益营销传播指数研究 / 94
第一节　社会化媒体的公益营销传播的提及率 / 94
第二节　社会化媒体的公益营销传播的满意度 / 96
第三节　社会化媒体的公益营销传播的忠诚度 / 98
第四节　社会化媒体的公益营销的口碑传播力 / 100
第五节　社会化媒体的公益营销传播综合评价指数 / 102
　1. 评价体系构建 / 102
　2. 社会化媒体的公益营销传播综合指数评价 / 106

第七章　社会化媒体的公益营销传播链分析 / 109
第一节　社会化媒体公益营销传播链的主要环节 / 109
　1. 传播模式发展及社会化媒体公益营销传播链 / 109
　2. 公益营销组织化传播主要环节 / 115
　3. 公益营销民间自发传播主要环节 / 125
第二节　社会化媒体公益营销传播链的转化率 / 127
　1. 公益信息各渠道传播的到达速度 / 127
　2. 社会化媒体公益传播的转化率 / 130
　3. 影响公益传播转化率的因素 / 135

第八章　社会化媒体公益营销传播的问题与对策 / 137
第一节　社会化媒体公益营销传播存在的问题 / 137
　1. 社会化媒体传播的人才缺失 / 137
　2. 公益组织公信力与网民偏见 / 139
　3. 一次性传播难以转化成持续行为 / 143
第二节　社会化媒体公益营销传播策略 / 145
　1. 差异化媒体传播策略 / 145
　2. 建立受众质疑沟通能力 / 149
　3. 将公益传播融入日常生活 / 152

第九章 社会化媒体公益营销传播的创新发展 / 160

第一节 社会化媒体公益传播渠道的创新发展 / 160
1. 公益营销传播的 APP 应用发展 / 160
2. 公益营销传播的 404 网页显示 / 163
3. 公益营销传播的广告位及链接创新 / 164
4. 公益营销传播的数据大平台 / 166

第二节 社会化媒体公益营销传播的应用技术创新 / 167
1. 公益营销传播与人脸识别技术 / 168
2. 公益营销传播与手机定位技术 / 168

第三节 社会化媒体公益传播的参与创新 / 168
1. 公益营销传播与第三方支付平台 / 169
2. 公益营销传播与电子商务应用 / 169
3. 公益营销传播与社交游戏做公益 / 171

参考文献 / 172

图目录

社会化媒体与公益营销传播

图1-1 微博信息传播路径 /5
图1-2 新媒体公益营销传播机制 /12
图2-1 研究方法体系 /16
图2-2 深度访谈操作流程 /17
图2-3 座谈会操作质控流程 /18
图3-1 社会化媒体公益营销传播路径图 /27
图5-1 微博狗狗营救传播模式 /91
图5-2 帮山区校长发条微博传播模式 /92
图5-3 春节回家顺风车传播模式 /92
图7-1 奥斯古德双向互动行为模式 /110
图7-2 施拉姆大众传播模式 /110
图7-3 德费勒环形传播模式 /111
图7-4 赖利夫妇模式 /112
图7-5 马莱兹克模式 /112
图7-6 使用与满足传播模式 /113
图7-7 社会化媒体中公益营销信息传播链(组织化传播) /114
图7-8 社会化媒体中公益营销信息传播链(自发传播) /115
图7-9 微博意见领袖传播模拟路径 /118
图7-10 意见领袖主导的公益传播 /119
图7-11 陈光标到派出所更名为"陈光盘" /119
图7-12 行为导向型公益活动用户活跃度 /122
图7-13 理念导向型公益活动用户活跃度 /123

图 7-14　用户通过发图片和评论来传递理念 / 123

图 7-15　"免费午餐"天猫公益店 / 125

图 8-1　2014 年多个城市参与"地球一小时"熄灯活动 / 144

图 8-2　结账台零钱随手捐 / 153

图 8-3　"免费午餐"机场广告 / 154

图 8-4　厕所中的二维码广告 / 154

图 8-5　地铁中的公益广告 / 155

图 8-6　中国地区 2010—2014 年度"地球一小时"海报 / 156

图 8-7　中国地区各年度"地球一小时"明星代言 / 157

图 8-8　合肥万科"你点赞,我种树"活动 / 158

图 8-9　联合国"免费大米"游戏 / 159

图 9-1　404 页面公益内容显示 / 164

图 9-2　QQ 空间公益广告位 / 165

图 9-3　博客公益广告位 / 165

图 9-4　雅安地震数据大平台搭建历程 / 166

图 9-5　雅安寻人百度平台 / 167

图 9-6　电子商务公益营销传播模式 / 170

表目录

表2-1 定性研究配额 / 17
表2-2 全国各省市样本分布表 / 20
表3-1 公益组织使用社会化媒体情况汇总 / 31
表4-1 公益营销受众的性别构成 / 34
表4-2 我国网民的性别构成 / 34
表4-3 公益营销受众的年龄构成 / 35
表4-4 我国网民年龄分布 / 35
表4-5 公益营销受众的职业构成 / 36
表4-6 公益营销受众的月收入构成 / 36
表4-7 公益营销受众的家庭年收入构成 / 37
表4-8 公益营销受众的受教育水平构成 / 38
表4-9 公益营销受众的区域构成 / 38
表4-10 公益营销受众的家庭状况构成 / 39
表4-11 三口之家中小孩的年龄构成 / 39
表4-12 三代同堂的孩子年龄构成 / 40
表4-13 三代同堂的老年人年龄构成 / 40
表4-14 关注公益营销的动机分析 / 42
表4-15 公益营销受众的性格分析 / 43
表4-16 公益营销受众的社会责任感分析 / 43
表4-17 公益营销受众的成功价值观分析 / 44
表4-18 公益营销受众的金钱价值观分析 / 45
表4-19 公益营销受众的人生价值观分析 / 46

表 4-20　关注公益营销的时间长度分析 / 47
表 4-21　不同受众群体关注公益营销时间长度的卡方检验 / 47
表 4-22　不同性别受众关注或参与公益营销的时间长度的差异性分析 / 48
表 4-23　不同职业受众关注或参与公益营销的时间长度的差异性分析 / 48
表 4-24　不同区域受众关注或参与公益营销的时间长度的差异性分析 / 49
表 4-25　不同家庭状况受众关注或参与公益营销的时间长度的差异性分析 / 49
表 4-26　不同因素与关注或参与公益营销时间长度的相关性 / 49
表 4-27　受众关注公益营销的类型分析 / 50
表 4-28　公益营销的参与方式分析 / 51
表 4-29　响应过的公益营销活动分析 / 52
表 4-30　公益营销的启发行为分析 / 53
表 4-31　公益营销的时间投入分析 / 53
表 4-32　不同受众群体对公益营销时间投入的卡方检验 / 54
表 4-33　不同职业受众对公益营销投入的时间分析 / 55
表 4-34　不同区域受众对公益营销投入的时间分析 / 55
表 4-35　不同因素与公益营销每年时间投入的相关性 / 56
表 4-36　公益营销的每年资金投入分析 / 56
表 4-37　不同受众群体对公益营销资金投入的卡方检验 / 57
表 4-38　不同因素与公益营销每年资金投入的相关性 / 57
表 4-39　公益行动的未来精力投入分析 / 58
表 4-40　不同受众群体对公益营销未来精力投入的卡方检验 / 58
表 4-41　不同职业受众未来对公益营销的精力投入分析 / 59
表 4-42　不同家庭状况受众未来对公益营销的精力投入分析 / 60
表 4-43　不同因素与公益行动未来精力投入的相关性 / 61
表 4-44　公益行动的未来资金投入分析 / 61
表 4-45　不同受众群体和公益行动未来资金投入的卡方检验 / 61
表 4-46　不同职业受众未来对公益行动的资金投入分析 / 62
表 4-47　不同家庭情况的受众对公益行动资金投入分析 / 63

表 4-48　不同维度与公益行动未来资金投入的相关性 / 64
表 4-49　公益营销的未来参与类型分析 / 64
表 5-1　通过社会化媒体关注公益营销的原因分析 / 66
表 5-2　通过社会化媒体关注公益营销的渠道分析 / 66
表 5-3　通过社会化媒体关注公益营销的频率分析 / 67
表 5-4　不同受众在社会化媒体上关注公益营销的频率分析 / 67
表 5-5　不同职业受众在社会化媒体上关注公益营销的差异性分析 / 68
表 5-6　不同家庭状况受众在社会化媒体上关注公益营销的差异性分析 / 68
表 5-7　不同因素与公益营销未来资金投入的相关性分析 / 69
表 5-8　通过社会化媒体关注公益营销的类型分析 / 69
表 5-9　通过社会化媒体关注公益营销的内容分析 / 70
表 5-10　通过社会化媒体关注过的公益营销活动分析 / 70
表 5-11　通过社会化媒体关注公益营销的影响因素分析 / 71
表 5-12　社会化媒体传播公益营销的转化分析 / 72
表 5-13　参加社会化媒体公益活动的次数分析 / 72
表 5-14　不同受众群体参与社会化媒体公益营销次数的卡方检验 / 73
表 5-15　不同职业受众参与社会化媒体公益营销的次数分析 / 73
表 5-16　不同因素与参与社会化媒体公益活动次数的相关性 / 74
表 5-17　参加社会化媒体公益活动的方式分析 / 74
表 5-18　不同受众群体参与社会化媒体公益活动方式的卡方检验 / 75
表 5-19　不同职业受众参与社会化媒体公益活动的方式分析 / 76
表 5-20　不同区域受众参与社会化媒体公益活动的方式分析 / 77
表 5-21　不同年龄受众参与社会化媒体公益活动的方式分析 / 77
表 5-22　不同月收入受众参与社会化媒体公益活动的方式分析 / 78
表 5-23　不同家庭年收入受众参与社会化媒体公益活动的方式分析 / 78
表 5-24　社会化媒体传播公益营销的关注度变化分析 / 79
表 5-25　不同受众群体关注社会化媒体公益营销的卡方检验 / 79
表 5-26　不同职业受众在社会化媒体上对公益营销的关注度变化分析 / 80

表 5-27　不同家庭状况受众在社会化媒体上对公益营销的关注度
　　　　变化分析 / 81
表 5-28　不同因素与社会化媒体传播公益营销的关注度分析 / 82
表 5-29　社会化媒体传播公益营销的可信度分析 / 82
表 5-30　不同受众群体对社会化媒体公益营销可信度的卡方检验 / 82
表 5-31　不同职业受众对社会化媒体传播公益营销可信度的
　　　　差异性分析 / 83
表 5-32　不同区域受众对社会化媒体传播公益营销可信度的
　　　　差异性分析 / 84
表 5-33　不同因素与社会化媒体传播公益营销可信度的相关性分析 / 84
表 5-34　不完全相信社会化媒体传播公益营销的原因分析 / 85
表 5-35　社会化媒体传播公益营销的作用分析 / 85
表 5-36　不同受众群体关于社会化媒体传播公益营销作用的卡方检验 / 86
表 5-37　不同性别受众与社会化媒体传播公益营销作用的差异性分析 / 87
表 5-38　不同区域受众与社会化媒体传播公益营销作用的差异性分析 / 88
表 5-39　不同家庭年收入受众与社会化媒体传播公益营销作用的
　　　　差异性分析 / 88
表 5-40　不同受教育水平受众与社会化媒体传播公益营销作用的
　　　　差异性分析 / 89
表 5-41　社会化媒体传播公益营销的创新受欢迎度分析 / 89
表 5-42　人民网 2012 年微公益评选案例参与方式 / 93
表 6-1　社会化媒体传播公益营销的提及率分析 / 94
表 6-2　受众对社会化媒体传播公益营销的满意度分析 / 96
表 6-3　受众对社会化媒体传播公益营销的持续关注度分析 / 98
表 6-4　社会化媒体传播公益营销的口碑传播力分析 / 100
表 6-5　社会化媒体传播公益营销的评价体系 / 104
表 6-6　KMO 和 Bartlett 的检验 / 104
表 6-7　因子分析共同度 / 104
表 6-8　解释的总方差 / 105

表 6-9　因子载荷矩阵 a / 105
表 6-10　因子得分系数 / 105
表 6-11　因子得分归一化系数 / 106
表 6-12　社会化媒体的公益营销传播综合指数表 / 106
表 7-1　您首次从哪里听说的"免费午餐"活动？/ 128
表 7-2　您首次从哪里听说的小传旺事件？/ 129
表 7-3　社会化媒体"免费午餐"的网络传播行为转化率 / 131
表 7-4　社会化媒体"免费午餐"的线下援助行为转化率 / 131
表 7-5　社会化媒体"免费午餐"传播对受众观念的改变 / 133
表 7-6　社会化媒体"小传旺"事件的网络传播行为转化率 / 134
表 7-7　社会化媒体"小传旺"事件的线下援助行为转化率 / 134
表 7-8　影响"免费午餐"传播转化率的因素 / 135
表 7-9　影响"小传旺"事件传播转化率的因素 / 136
表 8-1　中国公益组织微博运营情况一览表 / 138
表 8-2　小传旺事件公众质疑点 / 140
表 8-3　质疑事件对公众公益行为的影响 / 141
表 8-4　小传旺事件对公益参与意愿的影响 / 141
表 8-5　微信群的关系类型 / 147
表 8-6　不同社会化媒体用户信息真实性认知 / 148
表 8-7　对天使妈妈基金辟谣言辞的信任度 / 151
表 8-8　对天使妈妈基金辟谣行为的满意度 / 151
表 9-1　全国城市公益营销 APP 开发分类表 / 161
表 9-2　豌豆荚部分公益营销 APP 下载量 / 162

前　言

第一节　研究背景

　　传统上,大众传媒都是采用少数人制作、多数人消费的模式,随着信息传播技术的发展,新的媒体形式开始产生。新的媒体形式不仅在信息技术上优于传统媒体,最重要的是,新的信息技术改变了传统的传播方式,使得受众可以参与到信息传播的每一个环节。社会化媒体(Social Media)是人们彼此之间用来分享意见、见解、经验和观点的工具和平台,现阶段具有代表性的社会化媒体包括社交网站、微博、微信和其他移动应用程序(APP)等基于社会化关系和社会化内容进行分享的交互平台。

　　随着互联网的发展,网络公益逐渐成为互联网上的一项重要活动。网络公益的一个重大意义在于它促进了受众参与公益的行为以及社会多元主体的互动参与。近年来,微博、社交网站等社会化媒体的用户数量不断攀升,截至2013年6月30日,我国网民规模达5.91亿,手机网民规模达4.64亿。其中新浪微博注册用户达到5.36亿,2012年第三季度腾讯微博注册用户达到5.07亿,微博成为中国网民上网的主要活动之一。据腾讯公司2013年第二季度财报显示,截至2013年7月,微信用户数达到4亿,而微信应用在发布后433天,用户数就达到1亿,而从1亿到跨越到2亿,则只用了不过半年的时间。

　　社会化媒体的发展为网络公益注入了新的活力,为人们了解公益、讨论公益、参与公益提供了更多的便利。越来越多的公益组织在微博、社交网站上开设页面,发布公益活动相关信息,吸引受众的关注,有效扩大了公益活动的知名度和参与度;热爱公益的人也因社会化媒体聚集到一起,组织公益活动、传播公益信息,不仅网络公益的形式更加丰富,社会化媒体庞大的用户群和强互动性也使得公益传播的影响力大幅提升。

我国公益事业在近二十多年的发展中,一定程度上发挥了解决社会问题、缓解社会矛盾的作用。但是仍然存在着一些问题:一是公益事业相关法律政策不完善,缺少必要的体制保障;二是政府与公益组织分工不明确,在一定程度上阻碍了专业化进程,造成了公益资源的浪费;三是缺乏必要的、深层次的交流与合作;四是慈善理论研究步伐较慢,尚未很好地起到指导实务工作的作用。社科院发布《慈善蓝皮书:中国慈善发展报告(2013)》指出:社会对慈善的共识尚未形成、中国特色慈善文化体系及慈善理念滞后、慈善行业法律法规不完善、公信力建设不足、慈善专业队伍建设落后、政府定位不明确等因素相互制约,彼此影响,限制了中国慈善事业的发展步伐。其中,资金使用不透明方面的问题,直接引发了受众对公益慈善事业的信任危机,例如"郭美美事件""汶川救灾款建豪华办公室"等事件更是引发了民众对我国公益活动现状及未来发展方向的讨论。《慈善蓝皮书:中国慈善发展报告(2013)》指出:中国公益社会氛围发生改变,需要更主动地进行公益营销传播,引导中国慈善事业健康发展。

基于社会化媒体的公益营销传播发展才刚刚起步,尚处于初级阶段,为进一步提升对社会化媒体在公益营销传播重要性的认识,充分发挥社会化媒体在公益营销传播方面的积极作用,我们开展了社会化媒体与公益营销传播研究,深入分析社会化媒体公益营销传播的现状,运用抽样调查的方法对社会化媒体公益营销传播进行受众研究与效果分析,构建社会化媒体公益营销传播指数,系统分析社会化媒体的公益营销传播链,指出社会化媒体公益营销传播的现存问题与对策,归纳社会化媒体公益营销传播的创新发展。

第二节 研究意义与价值

为了更好地发挥社会化媒体在公益营销传播中的积极作用,促进网络公益营销传播又好又快地发展,有必要深入地围绕社会化媒体和公益营销传播这一主题开展研究。

(1)深入分析社会化媒体公益营销传播的现状。在对社会化媒体、公益营销传播概念与发展模式相关文献进行回顾后,结合社会化媒体的发展特点和趋势,将社会化媒体与公益营销传播的六个特点——"交互性、及时性、透明性、传播主体多元、低成本、参与广泛"和社会化媒体的公益营销传播不同类似联系起来,对社会化媒体的公益营销传播现状有一个全面的认识。

(2) 对社会化媒体公益营销传播进行受众研究与效果分析。通过抽样调查的方法,对社会化媒体公益营销传播进行受众研究,从而了解受众人口统计特征、受众用户心理与价值观、受众行为;对社会化媒体公益营销传播进行效果研究,研究认知效果、用户态度以及 O2O(Online to Offline)发展趋势。

(3) 构建社会化媒体公益营销传播指数与分析社会化媒体的公益营销传播链。从提及率、满意度、忠诚度、口碑传播力等角度构建社会化媒体的公益营销传播综合指数评价,通过对社会化媒体公益营销传播链的主要环节分析与转化率分析,清晰展现社会化媒体的公益营销传播链。

(4) 提出社会化媒体公益营销传播的现存问题,并归纳社会化媒体公益营销传播的创新发展趋势。指出社会化媒体公益营销传播现存的监管缺失、观念误区、态度误区、行为误区等现存问题,通过案例分析展现社会化媒体公益营销传播的创新发展趋势。

第一章　文献综述

本次研究对国内外的知名学术数据库中有关社会化媒体、公益营销传播以及社会化媒体公益营销传播的研究进行检索，进而对学术界前沿研究成果进行梳理。其中，中文学术数据库主要包括中国知网、万方期刊全文库；国外学术数据库主要包括 Sage Journals Online、ScienceDirect、Communication & Mass Media Complete、ACM Digital Library、JSTOR、ProQuest、Wiley Online 等。

第一节　社会化媒体研究综述

社会化媒体已经成为大众广泛使用时接触的媒体，与社会化媒体相关的研究是近几年学界的研究热点。既是因为社会化媒体作为蓬勃发展的新事物，具有很大的研究价值；又是由于技术的快速发展，社会化媒体在形式上每年都会有所变化，这也引起了很多研究者的兴趣。但同时，也正是因为这两方面的原因，在社会化媒体方面的很多研究论述，特别是国内的研究论述偏重于描述和分析。

1. 社会化媒体的概念界定

早期国外的社会化媒体定义研究多采用新旧媒体对比的方法来总结社会化媒体的相关定义。在 2007 年 Spannerworks(2007)在 *What is Social Media* 中给出了较为概括的解释，将社会化媒体简洁地定义为一种给予用户极大参与空间的新型在线媒体。这一定义后来被很多研究者所采用。同年 Ellison (2007)在一项针对 SNS(Social Network Sites)的研究中定义社会化媒体为：基于网络每个人都可以自由创建公开或半公开的社会关系连接系统，简单地说就是通过网络进行社会化的媒体传播。Hinchcliffe, D. (2007)在对比了新旧媒体不同特点后,指出社会化媒体的定义应遵循一些基础规则:以对话的形式沟通,而不是独白;参与者是个人,而不是组织;诚实与透明是核心价值;引导人们主动获取,而不是推给他们;分布式结构,而不是集中式。

Jones, R. (2009)认为社会化媒体本质上是一个类似的在线媒体,人们在这一类在线媒体上可以谈话、参与、分享、交际和标记。

Bolter, J. D., Grusin, R., Grusin, R. A. (2000)认为,社会化媒体也是一种促进沟通的在线媒体,这一点正与传统媒体相反,传统媒体提供内容,但是不允许读者/观众/听众参与内容的创建和发展。

Asur, S., Huberman, B. A. (2010)等认为,社会化媒体是各种形式的用户生成内容(User Generated Content),以及使人们在线交流和分享的网站或应用程序的集合。Kaplan, A. M., Haenlein, M. (2010)也表达了类似的观点,并具体指出在线合作项目、社交博客、社交网站、虚拟游戏世界、虚拟的现实世界都属于社会化媒体的范畴。

Gleave, E., Welser, H. T., Lento, T. M., Smith, M. A. (2009)指出,随着越来越多的社会生活和媒体报道嵌入信息网络系统中,从社会化网络中"角色"识别的角度来定义社会化媒体,指出社会化媒体是能将人的社会化属性投射到互联网系统上,并形成社区互动的在线社会化网络。

国内学者对社会化媒体概念也进行了探索性的研究,从信息科学、与传统媒体对比、传播内容等多方面进行定义。

王晓光(2008)从信息科学领域、情报学视角和传播学领域对社会化媒体进行了总结:在信息科学领域,研究者使用该概念对由社会性网络服务带来的新型网络信息交流空间进行集合性表述;从情报学视角来看,是个体信息空间与公共信息空间互涉的产物;在传播学领域,则始于对博客这种"自媒体"现象的观察与思考。

魏武挥(2009)认为,社会化媒体大致上是指能互动的媒体,如果缺乏用户的有效参与,平台基本上就是毫无内容的媒体。以Wikipedia为例,社会化媒体改变以往媒体一对多的传播方式为多对多的"对话"。对社会化媒体的概括有两个关键词:UGC(用户创造内容)和CGM(消费者自主的媒体)。

王晓光、郭淑娟(2008)将一般将基于用户创造内容的媒体称为社会性媒体,认为从技术视角看,社会性媒体是一种完全基于互联网的数字媒体,它依赖于各种社会性软件而存在;从内容特征看,社会性媒体内流动的内容主要是个人意见、专业见解、工作经验等感性认知。

王长潇(2009)通过社会化媒体与传统媒体相比,认为社会化媒体最显著的概念是"极大的参与空间",社会化媒体可以激发感兴趣的人主动地贡献和反馈,是实现了媒体和受众之间的双向互动的媒体平台。

王明会、丁焰、白良(2011)对社会化媒体所依存的社会网络和互联网络作了相关的分析,认为社会化媒体是一个集合了多种功能的在线生活平台,更是一个足以代替真实感知的超级媒体。

付玉辉(2012)从历史角度对社会化媒体的传播进行定义,社会化媒体的实质是依托互联网网络化、数字化环境和社会网络而形成的一种社会化、互联网化融合型新媒体。

国内的互联网研究公司 CIC 发布的"2013 中国社会化媒体格局图",将中国的社会化媒体平台划分为"核心网络""增值衍生网络""基础功能网络"和"新兴/细分网络"四大类。该分类主要基于各社会化媒体平台的业态成熟度以及平台之间的功能依附关系。其中最为显著的变化是将原本属于"新兴/细分网络"的移动社交移至"核心网络"大类中;此外,还新增了社会化搜索、图片分享和社会化电视等类别。

2. 社会化媒体的传播模式及特点

此类研究对社会化媒体具体形态的研究相对较多,包括论坛、百科、博客、SNS、微博等形态。通过对社会化媒体信息传播过程的分析,总结出其信息传播的模式及特点。

社会化媒体区别于传统媒体有着其独特的传播特点,国际著名传播咨询公司福莱希乐数字整合传播部负责人 David Wickenden 早在 2008 年就提出了社会化媒体的三大发展特点:社交网络社区的增长与多样化、消费者参与到市场营销过程中、"消费者自主媒体"的不断整合。

Haewoon Kwak 和 Sue Moon(2010)对 Twitter 作为社会化网络还是新闻

媒体进行探索研究,研究了Twitter中信息传播过程的拓扑特性,以follow(关注)的形式形成信息的路径传播特征,指出信息在Twitter中传播具有话题聚合性、信息流动快速、信息回流、去中心化等特点。Twitter在信息生成过程中是碎片化的写作,在信息流动过程中是基于follow(关注)的病毒式传播,且拥有众多follower(跟随者)的用户在Twitter转发和引用中并不起绝对影响作用。

Meeyoung Cha(2010)认为,这种有影响力的用户在各种话题中都能产生显著的影响力,信息的影响力不是自发和突发的,是经过努力产生的。

国内学者王晓光(2009)将社会化媒体的特征总结为平民性、对话性、匿名性、社交性和涌现性。从社会性网络的基本功能、用户使用该网络的动机及运营网络的性质出发,将社会化媒体分为创作发表型、资源共享型、热点聚合型、协同编辑型、社交服务型、网络游戏型六大类。

张哲(2001)认为,社会化媒体也具有参与性、交流性、公开性、流通性、社区化的新特点,有助于促进传统媒体革新,有助于提高信息收集能力,有助于人类信息协作。

史亚光、袁毅(2009)认为,社交网络以真实的社会关系为基础,按照六度分隔理论,每个个体的社交圈都在不断地扩大,最后形成一个大型的社会化网络,构建起一个新型的信息传播平台。从理论上说,社交网络的信息传播模式仍属于网络信息传播的范畴,但其传播者与受众、传播媒介、传播内容、传播方向、传播效果等均有自身的特殊性。但是对于微博网络,由于其平台特点,使得草根用户也能进行信息的创造,也能作为信息的输入者。

随着微博的兴起,相关研究成果也逐步涌现。张钮雪(2011)认为,微博作为社会化媒体平台,具有"社交型社会化媒体"的属性,这使得微博中的信息流动与关系网络紧密相关,信息源呈现出多样性、实现多渠道满足受众需求。

熊会会(2012)将"复杂网络"的概念引入到微博信息传播的研究中,更清晰地梳理了微博信息传播的路径,微博中信息传播包括两个阶段:首先接收到外部信息后,信息发出者发布消息。在微博网络中,因为每个用户都是自媒体,用户既是信息的发送者,也是信息的接收者。每个用户都能通过网络进行信息发布,当发布者发布消息后,关注发布者的用户都能接收到信息,这是信息通过关注关系在网络中的第一次传播。然后其他用户接收到信息后,可以选择继续传播,也有可能不再转发该消息,那么信息的传播在该链终止。当信息传播到有影响力的用户后,一般传播者或受众会大量转发,从而促进信息在网络中的进一步传播。传播路径如图1-1所示:

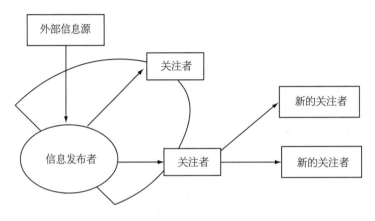

图1-1 微博信息传播路径

3. 社会化媒体营销方式及内容

社会化媒体带来的巨大的商业价值,国内外对社会化媒体的研究以围绕社会化媒体营销的研究较多,从社会化媒体的评估、分析、监测、优化等多个方面研究如何做好社会化媒体营销。

调研机构 Marketing Sherpa(2009)在其调研报告中指出:社会化媒体营销是一种基于社会化媒体的,在企业、影响者、信息搜寻者和消费者彼此之间能够简洁对话并且实现内容分享的实践,社会化媒体对用户购买决策有很大的影响作用。

Evans 和 McKee(2010)认为,对于企业而言,与传统的营销方式相比,社会化媒体是相对廉价的营销活动平台。因为它是免费或者低成本的,任何人可以设立一个免费的 Twitter 账户或者 Facebook 页面。企业可以与消费者直接对话,询问并处理问题。

Bert De Reyck 和 Zeger Degraeve(2006)认为,传统的媒体采取的是"推"式营销,企业与用户缺少交流。而利用网络的社会性,企业可以实现一种更具有个性、更加动态的营销。传统媒体与社会化传媒方式相比较,社会化媒体的成本及效果优势显著;通过媒介的变化(手机短信、网站宣传、交友平台、博客、手机网络、二维码)提高营销的作用。

Anjum. A. H(2011)则指出,社会化媒体营销通过创造内容,引起人们的注意,鼓励用户将他们的观点分享到社交网络中。企业的信息在用户之间进行传播,由于这些信息的来源是可靠的,而并非是公司的宣传,能够引起用户的共鸣。

John T. Snead(2013)强调,客户的针对性是营销的关键,同时商家的信用度可以保证市场的地位。Picazo-Vela, Gutiérrez-Martinez 和 Luna-Reyes(2013)三位学者通过大量的案例分析提出,社会化媒体营销中,商家要有自己的独特性才会有市场,同时也要关注网络用户安全的保密。

Andrea Hausmann 和 Lorenz Poelhnann(2013)指出,虽然企业发展社会化媒体营销已经成为普遍现象,但是社会媒体仍有潜在市场未被发觉,加强社会化媒体营销在各个领域内的拓展是大势所趋。

赵曙光(2006)认为,网络社区营销是一种"自媒体"营销,通过社区的讨论,用户流露出自己的口味、偏好、行为模式,把自己的生活行为、价值观呈现出来,表现出完整的自我。这种"自媒体"形态下,用户作为一种休闲和消遣,当遇到产品、服务信息时,抵触较小,特别是当信息以网友的观点、推荐的形式出现时,更容易得到认可。

陈林(2009)则指出,社会化媒体的核心在于聚合。社会化媒体本身拥有不可比拟的"群体影响力",使消费者在互联网上不再是单一的个体,而通过沟通和互动,企业可以聚合消费者、影响消费者,并最终实现品牌传播。从这一角度,社会化媒体营销是利用"群体影响力"实现口碑营销的营销方式。

4. 基于移动互联网的社会化媒体

学术界在基于移动互联网社会化媒体方面的研究涉及用户使用行为和传播模式研究,以用户使用行为研究居多。

(1) 移动社交网络的用户使用行为

Igarashi,Takai 和 Yoshida(2005)从社会性别研究的角度,考察面对面传统社会网络与手机缔结的社会网络在性别机制的作用下,呈现出何种不同的面向。指出女性比男性更愿意在社交网络中发送和分享信息;女性倾向于加入较大的讨论群组,男性则偏爱较小的讨论群组;男性和女性都更愿意和社交网络内早期认识的朋友联系;女性在社交网络中建立的关系比男性牢固。

Paul Kim 提出,基于用户在移动设备上的传播行为,借助用户传播内容的上下文情境,构建了移动用户在移动社交网站上的亲密关系模型,通过这一模型可以测量移动社交网络用户与其好友之间的亲密度。

密歇根州立大学的 Stephanie Tom Tong(2008)以 Facebook 为例,通过实验检验了 Facebook 用户的朋友数量和观察者对其魅力和外向度之评价的关系,结果表明过多的朋友数目会使人们对 Facebook 某个用户的受欢迎度和被渴望度产生怀疑。

北京邮电大学的潘军宝(2012)研究了用户使用移动微博能给个人带来何种价值,消费者的价值诉求是如何影响其选择使用移动微博而不是其他移动互联网业务的问题,指出使用移动微博中所获得的功能价值、情感价值和认知价值对用户持续使用移动微博产品有正向显著的影响,情感价值作为主要的中介变量,功能价值和社会价值通过情感价值间接影响用户的持续使用意愿。在消费价值的各构面中,认知价值对持续使用意愿的解释能力高达 54%,影响非常显著。

乔歆新、朱吉虹和沈勇(2010)以大学生为对象,基于强弱关系理论以自我中心网络提名法探讨了手机用户的移动社交网络特性,指出大学生群体的强关系数量要大于弱关系数量。

杨玉琼(2010)通过中外社交网站受众行为模式对比,从"大众网络—精英媒介、受众群体量及受众活跃度、关系拓展、关系维护"等方面分析了中外社交网站用户不同的行为特点,并指出社交网站是真正用户(受众)决定其形式发展的平台,其本身不提供内容,而是靠受众的特点引导着发展方,这也决定了中外社交网络发展将会走向不同的道路。

(2) 移动社交网络的传播模式

在固定互联网(或计算机互联网)传播模式中核心的传播关系是:人—固定传播终端—互联网—固定传播终端—人;而移动互联网(移动智能终端互

网)传播过程中的核心传播关系则演进为:人—移动智能传播终端—互联网—移动智能传播终端—人。这种变化使得人摆脱了固定传播终端的束缚,在传播过程中的地位显著提高(付玉辉,2012)。

西南大学姜瑞娟(2012)通过研究传统人人网的传播模式、移动人人网发展现状及有关传播模式,挖掘移动SNS传播者、受传者、传播内容、传播渠道以及传播环境等因素,梳理出面向大学生的移动SNS实然传播模式,并通过分析实然传播模式的优劣势提出构建大学生应然传播模式的假设。

吉林大学王丽新(2011)对开心网的出现原因、传播环境以及传播模式呈现的特点等几方面进行概括和梳理,并在此基础上深度解读开心网的传播特性:开心网传播主体社交门槛低、受众定位明确、促使传统物理空间人际交往关系回归、"把关人"对信息筛选具有"即时性"、"对话式"传播形态和"数字化"式传播形态结合、"数字化"式传播形态和"独白式"传播形态结合、"独白式"传播向"数字化"传播的转化。

第二节　公益营销传播研究综述

公益营销传播在中国发展有二十多年的历史,在社会教育、文化传播、舆论导向等方面也都发挥着积极的作用,成为推动社会和谐进步的特殊力量。尽管公益营销传播在现代社会中扮演着重要的角色,但是并未引起学界的足够重视。学界对公益传播的研究大多集中在公益广告中,且研究的数量也远远落后于商业广告。

1. 公益营销传播现状与发展

(1) 线下公益营销传播现状

马晓荔、张健康(2005)将公益传播定义为:具有公益成分、以谋求社会受众利益为出发点,关注、理解、支持、参与和推动公益行动、公益事业,推动文化事业发展和社会进步的非营利性传播活动,如公益广告、公益新闻、公益网站、公益活动、公益项目工程、公益捐赠等。其对公益传播概念的界定被国内学者广泛引用。同时指出,公益传播的意义在于通过志愿捐赠的方式来实现较富有的阶层帮助较贫困的阶层,实现阶层之间的良性互动,在满足弱势群体的社会需求、解决一些长期性的社会问题方面具有优势。

何斌、徐忠波(2009)认为,随着社会的发展,各类媒体不再满足于仅仅扮演一个信息传播者的角色,而是通过开展各类公益活动塑造品牌和影响力,从而树立更为良好的公信力、权威性和贴近性的形象。

王炎龙(2009)以公益传播作为一个研究热点和切入点,梳理并归纳公益广告、公益新闻、公益网站、公益活动、公益项目、公益捐赠等具有公益成分的非营利性传播形态,重点总结我国媒体公益营销传播方面的现状和趋势。指出报纸媒体公益将继续发展;广播媒体公益传播在新技术条件下由弱势转型优势;电视公益传播营销凸显价值;新媒体公益传播技术拓展渠道。

赵嵘鑫(2008)认为,当前我国媒体正在经历一个跨越发展阶段,媒体公益理论的缺失与实践之间,存在着巨大矛盾。因此迫切需要加强理论研究,以诠释、支撑或批判现行的实践。电视媒体公益方面在加大公益营销传播比重的同时,存在着娱乐化和低俗化的现象,电视媒体的过度商业化扭曲了公益传播的本来意义,表现出一定程度的失范。

中国社科院新闻与传播研究所传播学研究室和首都文明工程基金会《文明》杂志社联合组成的研究团队在《文明传播的基本认识》中指出,文明传播的本质就是和谐。传播的手段与方式、传播的信息与意义也构成文明存在与发展的重要因素。运用对话的方法促进和谐传播,在"和中不同、异中相谐"的语义下界定和谐传播。

(2) 网络公益营销传播现状

王颖(2012)将网络公益营销传播的主要类型分为网站式、博客式、广告式及网络草根 NGO 等四种类型。总结了网络公益传播最显著的三个特征:低成本、发起规模小、便捷性。

王心(2010)以传播主体为划分依据将网络媒体公益传播的类型分为:个人主导型、公益组织主导型、媒介主导型、政府主导型。在此基础上总结了网络媒体公益传播的特点:传播主体的多元化、传播内容的异质化、传播形式灵活化、传播主题系列化。

2. 公益广告传播效果、模式与问题

目前,学术界对公益广告的研究主要集中在传播效果、运作模式、存在问题、创新等角度,并以前三大领域居多。

国外对公益广告效果进行大量的研究,Maccoby Nathan 和 Douglas S. Solomon(1981)认为公益广告有到达大量受众的潜在可能性,公益广告对于受众有较好的接受性,公益广告所传播的消息更能为受众接受。Atkin,Flay 和 Cook(1981)则持相反的观点,强调许多受众要么没有注意到公益广告信息,要么不能理解和接受这些公益广告信息。Gantz(1990)通过研究持相对折中的观点,认为公益广告也许能够使受众对某一主题有更多的了解,但是受众的行为或实践并没有受到公益广告说服内容的影响。

近年来国内公益广告的研究也逐渐增多,潘泽宏在 2001 年出版的中国第一部系统研究公益广告的专著——《公益广告导论》中认为:公益广告是面向社会广大受众,针对现实时弊和不良风尚,通过短小轻便的广告形式及其特殊的表现手法,激起受众的欣赏兴趣,进行善意的规劝和引导,匡正过失,树立新风,影响舆论,疏导社会心理,规范人们的社会行为,以维护社会道德和正常秩序,促进社会健康、和谐、有序运转,以实现人与自然和谐永续发展为目的的广告宣传。

陈家华、程红(2003)分析了我国公益广告的运作,总结其通常有两种做法:一是媒体免费提供时间与版面,播放广告商及广告公司自行制作的公益广告;另一种做法是由媒体先行制作公益广告,广告商出资赞助播出,播出时有赞助商的署名。

崔传祯(2004)认为,随着公益广告日益受到重视,一些广告主将公益广告纳入传播策略,成为运营中战略性的部分,同时一些媒体也为广告主投放公益广告提供专门的服务。除此之外,政府也介入了公益广告的运作,并且成为中国公益广告发展的主导力量。

潘泽宏(2003)认为,我国尚未形成一个可以持续、稳定发展公益广告的行之有效的运行机制。郑文华(2003)指出,我国公益广告在发展过程中暴露出了诸多问题,其中最突出的问题是因缺乏良好的运行机制与行之有效的营销手段,使公益广告未能形成更为广泛的社会影响力。赖俊杰(2000)认为,公益广告确定好管理主体,十分重要也十分迫切。一是不能搞多主体制;二是可借鉴商业广告监管方法,确定由一个部门主管,其他有关部门协管。这一主管部门应该是工商行政管理机关,其他协管机关可以包括城市规划建设、宣传部门和精神文明建设机关。孙瑞祥(2001)则指出,尽管政府对公益广告的行政介入在一定程度上推动了公益广告的发展,但是,这种由政府主导的公益广告活动在一定程度上带有计划经济时代"运动式"的痕迹。从长远看,这一做法弊多利少,难以为继。在现代公益广告创作中,创意显得尤为重要。公益广告构思的主干就是创意,创意是一则公益广告的中心,构思活动就是围绕着创意进行的(李振昌,1999)。高萍(1999)认为,公益广告创意是一个公益观念能够有效传播的必要手段。

第三节 社会化媒体公益营销传播研究

世界范围对社会化媒体公益营销传播的讨论近两年才大范围展开,对于社会化媒体环境下的公益营销传播这一方面还没有专门的研究。继2011年9月在美国纽约举办的全球第一次社会化媒体公益高峰论坛、11月中旬在突尼斯举办的非洲首届新媒体公益论坛之后,全球第三次、也是中国首次社会化媒体公益论坛于2011年12月2日在京成功举办。论坛通过主题演讲、小组讨论和案例分析等形式分享社会化媒体发展的新趋势以及利用社会化媒体推动社会公益的最佳实践和成功案例。目前的讨论重点集中于公益组织对社会化媒体的运用,而我国公益营销活动目前对社会化媒体功能使用最多的是组织宣传、公开信息,但较少有人员召集的行动。

1. 社会化媒体公益营销传播机制

在探索新媒体公益营销传播的研究中,张艳(2009)探讨了"社会化媒体"传播生态下公益传播的扩散过程及价值转化,指出公益传播是指服务于公共利益的信息传播行为,并提出了社会化媒体环境下的公益传播的特征:群级间传播的高接受度,个体话语权的实现,个性化传播满足受众信息需求。并提出了公益传播的扩散机制,从传播主体、传播工具、传播渠道、传播效果四个层次展现(见图 1-2)。

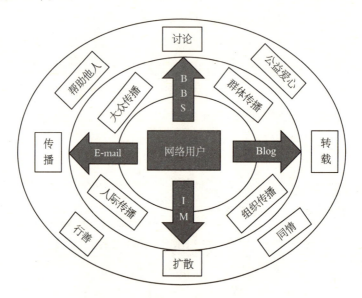

图 1-2　新媒体公益营销传播机制

2. 社会化媒体公益营销传播效果

王颖(2010)通过问卷调查分析了网络公益传播的受众接受效果,指出了网络公益传播中存在的问题:网络公益的信任危机;网络公益组织的身份窘境;善款监管不力;网络公益广告参与程度低;公益组织协调上的瓶颈。同时也提出了相应的对策:细化受众需求;在网游中传播公益信息;引入企业力量;策划网络公益活动吸引网民参与;完善制度上的保障。

王心(2010)通过梳理国内公益慈善传播的历史脉络,分别以组织机构、企业和媒体为主要对象探寻当下网络公益慈善传播的现状,指出目前公益网站影响力小、公益信息量小;大部分公益组织使用社会化媒体宣传自己;企业积极参与公益传播;媒体的公益传播双重身份,既是公益传播的平台又是公益活动的参与者。同时对网络公益慈善传播中存在的问题进行了反思,并对提高网络公益慈善传播提出了相关的措施:规范网络的使用和监管体制;建立高效的监督机制;建立合理的奖惩机制;推行公益慈善营销活动备案监察机制;重视企业和传播平台间的互动;增强网民基础知识培训;树立典型正向宣传;扶持部分网民自组织;注重网络媒体的信用建设;对媒体进行公益慈善评估。

张臻(2012)认为,在社会化媒体的环境下,社会化媒体拓展了公益传播的空间,社会化媒体丰富了公益传播的内涵,社会化媒体增强了公益传播的效果,也强调了目前社会化媒体下公益传播所存在的问题:公益信息泛滥,传播环境复杂,舆论引导无序。

社会化媒体传播公益营销中以微博研究居多,但主要以案例研究或新浪微博研究居多,以定性分析为主,尚未囊括所有微博平台进行对比研究和相关定量分析。杨萍(2012)以微博平台为案例,分析了社会化媒体公益传播的特点:传播成本低、范围广、地域性限制小;传播内容呈现"碎片化";传播主体具有双重性与多样化;传播方式简单、随性、多样;传播时效即时便捷,呈裂变扩散性;非线性传播、互动性极强。同时针对微博公益传播存在的问题提出了相应的对策,要提高受众的媒介素养,改进媒体服务,增强权威性与规范性,构建健康的微博公益传播文化。涂诗卉(2011)以新浪微博为例分析了微博公益的发展契机。微博为受众参与公益提供了低门槛、增强了受众的主体意识和责任意识,让更多的受众参与到了公益活动中。同时,微博平台面临着监管困境,诸如微博用户个人没有募捐资格、平台对于冒名或虚假募捐信息无法甄别等都需要进一步摸索。盛夏(2012)以免费午餐为例分析了微博传播公益的蝴蝶效应。微博传播的蝴蝶效应为传播效应的放大和裂变,促使了免费午餐的影响不断放大乃至影响整个社会。促使该蝴蝶效应的产生,除了邓飞团队常规的微博信息发布外,还通过"加V"认证、明星转发、开通淘宝商城公益店和传统媒体互动等多种方式共同推动,在短时间内实现了裂变式传播。王金礼、魏文秀(2011)以手机随手拍为例,印证了微博的超议程设置,分析了随手拍活动在微博上获得显要性的过程,主要源于议题发起者的意见领袖身份、微博平台的信息流动机制、网民价值观对其认同等因素在短时间内快速获得网民关注。同时,对比了微博和传统媒体对该事件的报道差异,微博及时发布随手拍活动的进展及具体个案情况,传统媒体主要围绕地方警察打拐及流浪儿童现状等。可以说,微博使这一议题获得传统媒介、政府社会组织(如壹基金等)、受众等多个议程的显要性的根本原因,具备超议程设置功能。

自2002年博客兴起,学术工作者对博客的传播效果、交流模式、社会影响、发展现状、未来趋势等多角度进行研究,但将博客和公益营销衔接研究的成果极少,主要集中在公益传播理念和传播特征方面。王宇静、王志鑫(2009)分析了博客对公益的传播理念,认为博客具备交互性、多元素、低成本、广泛参与性的优势,主要通过草根博客的人际传播、名人博客的公益引导、企业博客的公益广告、博客公益基金的推广等方式进行,并通过案例分析进行说明。其中,草根博客主要通过记载个人生活或身边发生的事情,让其周围的熟人了解其生活、情绪和心得,非常平民化,并以新浪博客博主 Acosta 为例作了说明。王慧(2010)分析了博客对艾滋病的传播特征,分析了艾滋病相关博客主要由病人、专家、志愿者三类人群开通。其中,艾滋病病人在博客上进行生活的记录,具有自我传播特征,能够引起艾滋病患者的共鸣,回帖量高;艾滋病专家在博客主要进行防艾知识宣传,具有明显的人际传播特点,凭借其权威性和专业性,获得一批网民关注,诸如"性病艾滋病门诊日记"博客访问量达30万以上;艾滋病志愿者通过博客为艾滋病感染者和病人提供心理咨询、法律咨询等援助。可以说,博客在防艾宣传和患病关怀方面表现得更加的人文化,更加尊重艾滋病患者的尊严。

国内学者研究了公益组织对社会化媒体的应用,除传统的宏观角度分析,还采用个案研究方式为主,现有研究成果较少。针对中国403家草根NGO(公益组织)机构的新媒体使用状况的统计调查,钟智锦和李艳红(2011)指出中国公益组织之间的数字硬件鸿沟(digital access divide)并不明显,但是却存在数字媒体应用鸿沟(digital media application divide),主要表现在不同公益组织在对以web2.0为代表的互联网服务的采纳上存在差异。这种应用领域的鸿沟存在于不同服务领域、不同地区及不同服务对象的公益组织之中。组织的规模、宣传资金的多寡以及对新媒体重要性的认知,都对其采纳和使用新媒体有正向作用。互联网时代公益传播的新局面,将取决于公益组织能否积极迎接新媒体技术的机遇和挑战,获得数字应用能力,以弥合数字应用鸿沟。陈韵博、张引(2013)以分析绿色和平组织应用SNS的情况,通过深度访谈方法和在线民族志的质化研究方法进行数据收集和分析。通过深度访谈了解绿色和平组织应用社交网络的情况和面临的机遇及挑战。目前,绿色和平组织已在人人网开辟专页,到2012年年初好友数量已达到22万;在新浪微博上注册账号,粉丝数量达8万以上,除传统的文字新闻、图片、留言、互动外,还采用了文字直播方式。虽然社交网络成为了绿色和平组织对外发布的平台,通过网友自发传播将传播范围最大化,但面临着盛极而衰的社交媒体导致部分粉丝的流失、互动性低降低用户黏性等挑战。

综上所述,以往学术研究只是从整体角度对社会化媒体传播公益营销开展定性研究,对其当前较为活跃的微博研究居多,大多以具体案例进行说明,尚未对社会化媒体对公益营销传播进行系统性的深入研究。因此,本研究将在社会化媒体传播公益营销的理论分析外,搭建社会化媒体传播公益营销的评价指标体系,对社会化媒体公益营销传播进行全面评价。

第二章 研究方法

为了确保结论具有较高科学和应用价值的成果,本书综合应用定性研究和定量研究方法进行分析和调查(见下图)。

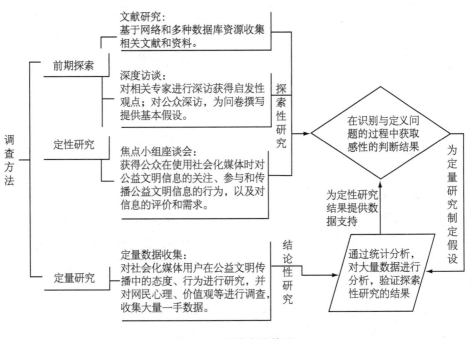

图 2-1 研究方法体系

第一节 定性研究方法

通过文献研究总结社会化媒体与公益营销现有研究成果;通过对社会化媒体运用负责人、公益机构负责人和北京市民等进行深度访谈,获得启发性的观点;在北京组织社会化媒体用户和公益热心人士进行多场焦点小组座谈会,获得启发性和前瞻性观点,并总结出重点研究问题。

表 2-1 定性研究配额

编号	访问对象	数量	方法
1	社会化媒体运营商相关负责人	5 位	深访
2	公益机构相关负责人	3 位	深访
3	在社会化媒体上对公益营销信息关注度较高的受众	18 位(2 场)	座谈会
4	在社会化媒体上对公益营销信息关注度较高的受众	18 位(2 场)	座谈会

为了确保研究的科学性和规范性,课题组为定性研究指定了严格的质控流程,以确保高水平的研究成果,如图 2-2、图 2-3 所示。

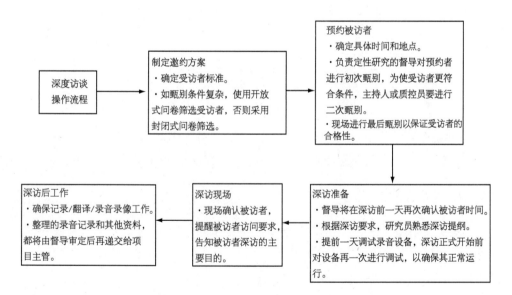

图 2-2 深度访谈操作流程

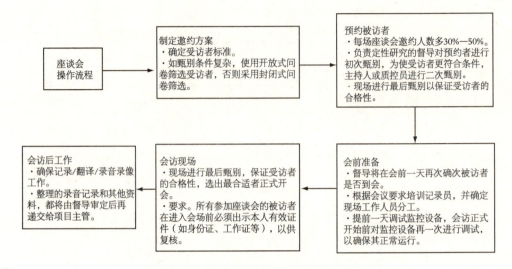

图 2-3 座谈会操作质控流程

第二节 定量研究方法

本研究以网络调查的形式采集一手数据,对文献研究和定性研究过程中形成的研究问题提供数据支持,基于数据分析结果形成主要结论。

1. 样本量的确定

本次调查采用了基于实名制的 Oopsdata 网络调研方法对社会化媒体传播公益营销进行研究,从公益营销的受众行为及心理和价值观、社会化媒体传播公益营销传播效果、综合传播指数、案例研究四个方面进行调查。

根据统计学原理,每类被调查受众的有效样本量计算公式为:$N = Z^2\sigma^2/d^2$。

• Z 为置信区间 Z 统计量,为保证准确度,本次调查取置信度 95.0%,对应 Z 值为 1.96;

• σ 为总体标准差,一般取 0.3;

- d 为抽样误差范围,本次调查取 3%,以保证调查精确度;
- 则调研的受众样本量 $N=Z^2\sigma^2/d^2=1.962\times0.32/(3\%)^2\approx2\,881$,为了确保调查数据信度和效度,此次调研将有效样本量扩大一倍,按照 5 000 的样本量执行。

2. 数据分析方法

(1) 数据交叉分析

除常规的数据频率分析外,本次研究将通过数据的交叉分析进行深入分析。通过社会化媒体传播公益营销和受众的性别、家庭状况、职业类型、区域进行交叉分析,从而体现不同受众类型对同一问题的差异变动,通过将社会化媒体传播公益营销和受众的年龄、月收入、家庭年收入、受教育程度进行相关性分析,从而检验受众的公益营销行为与年龄、月收入、家庭年收入、受教育程度之间是否具有趋势性内在联系。

(2) 模型分析

在构建社会化媒体公益营销传播的综合评价体系基础上,通过因子分析法确认评价体系中的主要因子个数及其包含的各子因子组成,并计算各因子权重计算器综合评价指数。具体计算公式如下:

主因子 1=权重×因子 1+权重×因子 2+权重×因子 3+权重×因子 4+……

主因子 2=权重×因子 1+权重×因子 2+权重×因子 3+权重×因子 4+……

综合评价指数=权重×主因子 1+权重×主因子 2+……

3. 样本执行情况

本次定量研究采用网络调研方式,对全国 31 个省市的网民进行调查,每个省市回收有效样本不少于 100,共回收有效问卷 5 023 份。

表2-2 全国各省市样本分布表

省市	样本数量	样本占比	省市	样本数量	样本占比
北京	221	4.40%	天津	161	3.20%
上海	206	4.10%	江西	156	3.10%
广东	191	3.80%	安徽	151	3.00%
山东	176	3.50%	广西	151	3.00%
河北	156	3.10%	云南	151	3.00%
江苏	146	2.90%	吉林	161	3.20%
河南	171	3.40%	黑龙江	151	3.00%
浙江	166	3.30%	甘肃	156	3.10%
福建	166	3.30%	贵州	156	3.10%
湖北	161	3.20%	内蒙古	161	3.20%
四川	161	3.20%	海南	161	3.20%
山西	161	3.20%	青海	151	3.00%
辽宁	156	3.10%	新疆	151	3.00%
重庆	171	3.40%	西藏	151	3.00%
陕西	151	3.00%	宁夏	151	3.00%
湖南	156	3.10%	合计	3 023	100.00%

第三章　社会化媒体公益营销传播现状

第一节　社会化媒体的公益营销传播发展历程

社会化媒体的技术、应用和影响正在以人们无法预料的速度发展。短短不足十年时间内,以微博、博客、微信、SNS(Social Networking Services)为代表的各种社会化媒体,正在成为建构人们日常生活必不可少的要素。社会化媒体的发展也开拓了公益营销传播的途径。将社会化媒体与公益营销传播结合起来,成为新时代公益营销传播的新趋势。

2008年"汶川地震"中社会化媒体在公益营销传播中的重要性开始受到人们关注。2008年5月12日发生的汶川地震成为新中国成立以来里氏级别最大的地震,地震对基础设施造成了巨大的破坏,也带来大量的人员伤亡。震后很多地区的交通、水电、通讯中断,给救援工作带来了极大的困难。由于互联网的便捷性,互联网平台成为发布救灾信息、沟通救灾援助、募集善款的首选平台,网络公益开始被大规模应用。

2008年末至2009年,网络公益慈善传播迎来了一个快速发展的浪潮。其中以人人网、QQ等作为社会化媒体代表的社交网络,它们不再是单纯的聊天工具和交友平台,而是已经发展成集交流、资讯、娱乐、搜索、电子商务、办公协作和企业客户服务等为一体的综合化信息平台。QQ、人人网等社交网络工具已经成为年轻网民生活必不可少的一部分,其本身具有的普遍性、快捷性、互动性、海量性等特点,受到了年轻网民的相对好评,为网民接收、了解地震相关信息提供了重要条件。以人人网为代表的社会化媒体发挥其特有的优势,从发布地震及余震相关信息,到组织各方人士募捐,再到后来的寻找亲人、朋友,形成了巨大力量。

2009年8月14日,新浪微博上线内测,微博以其便捷性、关注模式及信息传播的及时性,快速吸引了大量的网民使用。随着微博的快速发展,一种新型的公益形式也随之兴起,那就是微公益。微公益将微博的传播能量转化成看得见的公益行为,使得人人可参与、人人愿参与。基于新浪微博平台上的专题公益平台应用,用户可通过此公益平台直接加入并参与到公益活动中,并且分享给好友,号召身边好友贡献微薄之力。新浪微公益平台利用社会化的传播关系,增添传播力度,为真正意义上的"全民公益"提供更便于大众参与公益活动的网络平台。

2011年中国社科院学者于建嵘教授在新浪微博发了"随手拍照解救乞讨儿童"的微博,该微博经热心网友不断转发,形成强大的舆论传播力量,并吸引了传统媒体的跟进与关注。此后微博将网友们零碎的、非专业的行动,与公安部门、媒体、人大代表及政协委员等社会力量结合在一起,发起"微博打拐"行动,成功解救数名被拐卖儿童。

2011年著名央视主持人崔永元通过微博平台发起"给孩子加个菜"的公益活动,得到广大网友的响应,搜狐公益设立了"给孩子加个菜"的官网,作为项目宣传、互动、管理、监督的平台。截至2013年11月30日24时,共计有7 570笔捐款,共募集善款两百多万元,改善了多所落后地区学校在校学生的伙食。随后,腾讯、网易、搜狐都建立了微博平台,将微博和各门户原来的公益频道结合起来,成功地组织和传播了多次网络公益活动。

随着社会化媒体的发展,公益营销传播的传播主体从民间个人转向更多的专业机构。2009年中国扶贫基金会在新浪微博和开心网都开设了官方账号,充分运用新媒体优势发挥积极影响,传播公益营销。基于社会化媒体平台,中国扶贫基金会开展了"为西部地区贫困孩子捐赠过冬棉衣"的公益活动,邀请开心网网友共同参与活动设计,通过开心网招募志愿者,公开征询志愿者任务清单。尤其是在执行环节的采购羽绒服过程中出现问题,也是通过开心网发布求助,在阿里巴巴公司的帮助下顺利完成任务。在志愿者到达目的地后,整个公益活动通过图文形式在开心网上公开,实时更新活动进展状况。扶贫基金会充分运用社会化媒体实施公益,获得了众多新浪微博名人和传统媒体的主动支持,实施过程透明,以社会化媒体建立立体的公益营销传播模式,是中国公益机构公益营销传播活动的一次创新。

　　社会化媒体自身不断发展的同时,也主动开发新功能和公益营销传播相结合,促进社会化媒体的公益营销传播。2011年8月,新浪微博公益版正式启动公测。这个完全依托于社会化媒体的公益平台专为中小公益组织服务,具有丰富的个性化页面展示功能设置、更精准的数据分析服务,以及更高效的沟通管理后台。与普通版本相比,新浪微博公益版增加了文本介绍、视频展示、图片、留言、微博组织体系、友情链接、投票与活动、单条微博置顶等八大特色模块。基于这些模块,公益组织可以方便地添加主题视频、项目介绍,更可以直接查看组织发起的活动及投票,让微博更好地支持公益营销传播活动,尤其是助力中小公益组织成长,发挥微公益的能量。

　　腾讯也依托QQ为公益组织提供的便利条件,在每次紧急救灾动员中,腾讯整合所有的力量,包括腾讯网、QQ、弹出框等,利用互联网的平台,为网友提供救灾的通道,让他们参与其中,例如在玉树地震后,腾讯和爱德基金会在玉树启动紧急救灾机制,爱德基金会第一时间到达前线,通过微博、邮件、邮箱把具体的救灾行动传上网络,腾讯再通过QQ弹出框、邮箱新闻第一时间通知用户。同时腾讯也基于自身的社会化媒体平台打造了一个在线月捐计划,所有参与捐赠的人最终获得爱心积分,拥有自己的爱心等级图标。并将公益元素整合进入腾讯社交媒体中,比如当时流行全民偷菜、经营牧场,腾讯牧场就专门设计了爱心果和爱果果活动,每个参与月捐计划的人都可以拿到一个独一无二的爱心植物、爱心动物等奖励,以此来鼓励网民参与到月捐计划中。

　　2011年1月21日,基于移动互联网的微信推出,社会化媒体的发展将公益营销传播又向前推进了一步。微信以其信息移动性、信息到达准确性、传播低成本等特性,成为公益营销传播新的利器。众多公益机构在微信开设官方账号,为订阅者推送公益信息和公益活动。2011年,腾讯微信大运会志愿者服务中心启动,肩负起了大运会期间的公益查询责任,随时随地为市民、游客、大运会观众朋友们提供诸如赛事信息、场馆信息、周边交通餐饮等生活类资讯的公益查询服务,微信平台正在社会公益事业方面发挥着重要的价值。

　　2012年4月2日为第五个国际自闭症日,微信携手壹基金、招商银行,共同发起"关爱自闭症儿童"行动,通过微信平台号召全社会来温暖这些孤独的孩子。4月2日—4月8日期间,网友可以通过微信漂流瓶、摇一摇及扫描二维码与"招商银行点亮蓝灯"的官方微信号进行互动,为自闭症儿童送去专业辅导课程,用微信温暖孤独的孩子。

2013年4月20日,四川雅安发生7.0级地震,网友通过社交网站、微博、微信等社会化媒体传递爱心、转发救援信息、普及应急救援提示、监督地方政府和媒体的作为、组织捐款以及辟谣活动。企业账号、名人账号、草根账号以及公益机构账号群体联动,在公益营销传播过程中发挥了重要作用。

2013年8月5日,随着微信5.0版支付功能的推出,腾讯公益慈善基金会也借"十分祝福、十分爱"活动启动的机会宣布公益慈善与微信支付相结合的消息,引起公益慈善业内广泛关注,将公益慈善与微信支付进行深度结合,大大推动了移动社会化媒体平台的公益营销传播发展。

社会化媒体的不断发展,不仅给公益营销传播提供了新的传播渠道,也让民众有更多的渠道接触公益、参与公益。通过社会化媒体进行公益营销传播,让公益营销活动过程更加透明,增加民众对公益活动的信任,实现公益营销活动的良性循环。

第二节　社会化媒体的公益营销传播特点分析

社会化媒体对公民参与的作用已经在公益活动中得到运用,社会化媒体不仅改变了人们的沟通方式,还改变了公民参与公益营销活动的方式。社会化媒体突破了传统媒体的局限,以其特有的"交互性、及时性、透明性、符号多元、低成本、参与广泛"等特点,成为公益营销传播的新平台。

1. 超越推送的交互性

交互性是社会化媒体公益营销传播的最大优势,也是区别于其他媒体最明显的特点。公益营销传播的理念在传统媒体中只是单向地把信息"推送"给受众,而这种单向度一对多的传播模式是将受众放在被动接受信息的位置,于是受众的反应不但是滞后的,也无法反馈给传播者。而社会化媒体在传播信息上采用是双向沟通的模式,受众可根据自己公益爱好的倾向性,有针对性地接受和反馈,能实现信息即时互动传播。通过反馈,传播者就会了解到受众对这则公益信息的理解和接受程度,并可以依此改进传播中的不足。社会化媒体的互动性打破了传统社会结构中人际传播、群体传播、组织传播以及大众传播的边界,它为公益事业的发展带来了新的契机与力量。例如"中国扶贫基金会"的微信,利用交互性的特性,努力打造服务型的信息交互平台。在这个平台上每个用户都可以和官方互动,可以自主查询助学、捐赠、救助等系列公益活动的信息,实现快速对接,让亟需帮助的人得到关注,让拥有爱心的企业和个人找到合适的救助对象。同时,也接受社会舆论的监督,确保公益活动的公平、公正与公开。

2. 时刻在线的及时性

及时性是社会化媒体公益营销传播的主要特色。社会化媒体的发展突破了传统互联网线上和线下的区别,让用户时刻都保持在线,信息传播的及时性得到了极大的提高。公益营销信息在社会化媒体平台上发布后,信息即刻传递到社会化媒体终端。而移动互联网的发展使用户通过手机客户端可以时刻关注公益信息,并能通过互动反馈第一时间得到回复。例如在微信中关注"腾讯公益"账号,不但可以第一时间收到相关公益信息,而且随时可以通过其账号查询,主动掌握各类公益活动的最新进展。社会化媒体让公益营销传播更加快速、更好地满足受众对公益营销信息的需求。

3. 360°的公开透明

基于社会化媒体发起的公益活动具有更高的透明性。公益机构在社会化媒体上及时发布公益活动各个流程的最新情况,公示公益活动所收到的善款和支出,广大网民都可以在线查看公益活动信息,了解公益活动的进展,和公益机构执行者互动,提出自己的疑问。将公益活动的整个流程放置于广大网民的监控视野之下,体现了社会化媒体公益营销传播的高透明度,让人们更信任公益活动,更愿意投身到公益活动中;同时也有利于公益机构加强自我监督,提升公益慈善活动的组织和执行能力。

4. 从草根到精英的多元化主体

主体多元化是社会化媒体公益营销传播的典型特点。社会化媒体给人们提供了方便快捷的传播消息信息、发表观点见解、分享意见经验的互动式交流平台,只要是加入社会化网络的人,都可以采取一定方式参与到信息传播的过程中。在社会化媒体公益营销传播活动中,任何人都可以把自己接触到的、感兴趣的公益信息及呼吁、建议和感想通过社会化媒体工具发布。公益营销信息多涉及社会公共利益,信息本身具有较高的吸引力,社会化传播技术又赋予大众传播表达的平台和空间,这就使得广大社会受众的公益爱心有了可以释放的平台,所以公益营销传播的主体呈现出多元化的发展趋势。

5. 低成本的口碑传播

低成本是社会化媒体公益传播的突出特点,成本是公益信息传播必须考虑的一个问题。在传统媒体中,从信息的制作到发布都需要一笔不菲的费用,而公益信息相对商业信息而言是没有利润回报的,那么对于公益组织来说,如何用最少的费用去传递信息就是一个很现实的问题。社会化媒体的发展解决了费用的这个大难题。基于社会化媒体公益信息的制作周期短、成本费用低、传播覆盖范围更大。热心公益的受众在自己的微博或者社交网络中发布和转发一则简单的公益信息几乎没有成本,就可以把公益信息传递出去。

社会化媒体公益营销传播的快速发展,最主要的原因在于拥有最广泛的受众参与。社会化媒体的发展赋予受众话语权,也让受众可以直接参与到公益营销活动中,而不只是被动参与。网络传播经过多年的发展,人们的思想观念在冲击中不断开放,很多人已经不再害怕向社会公开个人、团体的境况,他们把生活中的困境、窘境公布在网上,希望能从其他人那里得到帮助。另一方面,那些有能力的网民则利用自己在社会化媒体的影响力,组织公益慈善类活动。很多人通过社会化媒体结合成公益慈善团体,利用有限的空闲时间,为那些需要帮助的人们提供各种帮助。公益机构组织的公益营销活动也通过社会化媒体招募志愿者,邀请受众一起策划和执行公益营销活动,例如中国扶贫基金会开展了"为西部地区贫困孩子捐赠过冬棉衣"公益活动,很多热心网友通过新浪微博、开心网等社会化媒体平台参与到具体活动执行中。

社会化媒体的公益营销传播是一个整合多元主体、建立良好反馈机制的多渠道立体传播。其一般的传播路径为:受众在社会化媒体引发议题→舆论领袖介入,形成优势意见→受众自主参与,议题大规模扩散,形成社会化媒体公益事件→传统媒体跟进,社会主流舆论形成→社会动员,政府部门及其他公益主体参与→解决公益问题。在这样的传播路径中,社会化媒体传播实现了线上动员和线下活动的双重互动,社会化媒体裂变式传播发挥了极大的社会聚合作用,推动公益传播活动向现实推进。传播路径见图3-1:

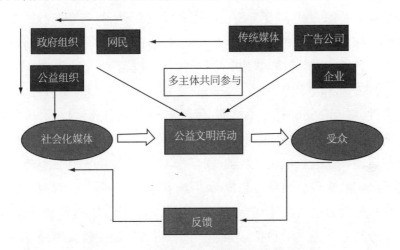

图3-1 社会化媒体公益营销传播路径图

社会化媒体信息传播有其自身的特殊规律:社会化媒体信息传播是一种裂变传播,这种传播形态的传播速度是几何级的,远远高于之前任何一种媒介产品的传播速度和传播广度,也验证了"六度空间"理论。社会化媒体特有的信息传播方式相对于传统的单程信息发布,大大加快了信息的传播速度,有利于公益活动的开展(范青云,2012)。社会化媒体环境下中国公益传播形成了新的形态:包括传播主体多元化、传播形式多样化、传播媒介融合化、传播效果扩散化,给公益传播带来了新的契机。社会化媒体拓展了公益传播的空间,丰富了公益传播的内涵,增强了公益传播的效果(张臻,2012)。

微博作为社会化媒体公益营销传播的代表性平台,它和公益的结合形成了微公益传播：一方面，微公益传播的是一种人人参与公益的公益意识，启迪社会受众建立公益的思维方式和生活方式，让公益融入思维、融入生活；另一方面，微公益强调的是一种实时参与的公益模式，建立公益活动的长效机制，推进公益活动的常态化，让公益成为一种习惯(曹守婷，2012)。微博公益传播中多重主体的互动价值体现为三个方面：一是资金筹措的多重来源，二是议题设置上多方参与的互动性，三是受众在公益传播中既作为传播主体也作为传播受众的双重角色(孟燕，2012)。

而以开心网为代表的 SNS(Social Networking Services)，也具有一些独特的传播特点与规律。其传播主体社交门槛低、受众定位明确，促使传统物理空间人际交往关系回归，形成了"把关人"对信息的筛选，具有"即时性""对话式"的传播形态和"数字化"式传播形态结合，"数字化"式传播形态和"独白式"传播形态结合，"独白式"传播向"数字化"传播转化的趋势(王丽新，2011)。

自媒体传播相较于传统大众媒体，具有信息传播的即时交互性、传播符号的多元素性、媒介使用的低成本性、广泛的参与性和多元化特征，可以把私人分散的、个别的意见汇聚起来，为形成具有界别共性的群体性意愿奠定基础，也为最终普遍舆论的产生奠定基础(王宇静、王志鑫，2009)。公益传播作为一种致力于维护和实现公共利益的传播活动，其过程不同于一般的传播，只有当受众和组织接受公益信息和观念，并在态度认知和行动上支持参与公益行为、活动和事业时才能实现其价值，形成一个完整的公益传播价值链。对比传统的政府主管部门公益网站、专业机构公益网站和商业门户网站的慈善频道，商业门户网站慈善频道较早引入社会化媒体元素，依托社会化媒体特有的"交互性、及时性、透明性"的优势，能够构建起公共话语的空间，但在政府主管部门的网站中，可供网民自由讨论的公共话语空间是有限的，而门户网站因其较高的知名度和公信力吸引了更多的网民以积极的姿态主动参与到慈善公益事业中去(张爱凤，2010)。

2012年以来，移动社会化媒体发展迅速，很多网民在手机上安装了微博、人人网、微信等社会化媒体客户端。UGC(User Generated Content)与 SNS(Social Networking Services)的强大力量推动移动互联媒体与社会变革，信息传播的方式从媒体到人际的转变，从桌面到掌中实现空间的扩散(魏江，

2012)。基于移动互联网的公益营销传播将成为未来的发展趋势,对移动客户端的使用与传统互联网有一定的不同。用户使用移动微博客户端发布微博的意愿受到多方因素的影响,主要包括显性感知方面的因素,具体表现为对移动终端发布微博的技术特征和自身的需求特征两方面,这两方面通过作用于需求技术匹配程度、感知有用性最终影响行为意愿;同时也受到隐性感知因素的影响,主要是感知有用性和感知愉悦性两方面(许筠芸、陆贤彬,2013)。

第三节　社会化媒体的公益营销传播类型分析

　　社会化媒体的公益营销传播是一个整合多元主体、建立良好互动机制的多渠道立体传播。社会化媒体拓展了公益营销传播的空间。社会化媒体诞生之前,政府主管部门与主流媒体在公益营销传播中占据着主导地位。社会化媒体非群体化、去中心化、平等双向的传播方式更加接近于人际传播的方式,传播效果更为直接高效,降低了传播主体的传播门槛,可以以极低的成本发布信息。信息的发布者不再限于专业的媒体组织、非营利性组织,每个有意于公益传播的个人都可以方便地使用社会化媒体进行信息的发布。公益传播领域的话语权发生了转移,以政府部门及主流媒体为主导的公益营销传播逐渐发生变革。民众通过社会化媒体越来越多地参与到公益营销传播的讨论中,并在决策过程中发挥着不可替代的重要作用,这改变了公益营销传播中以传者为中心、自上而下的传播模式,公益营销传播的组织主体越来越多元化。

　　社会化媒体的公益营销传播包含了更多的组织主体,可以将其分为政府组织的公益营销传播、NGO(Non-Government Organization)组织的公益营销传播、媒体组织的公益营销传播、企业组织的公益营销传播、网民组织的公益营销传播。

1. 政府组织的公益营销传播

　　政府组织一直是公益营销传播的积极倡导者与参与者。政府组织主要是以各级宣传部门、工商行政管理局、文明办、广电局、新闻出版部门等为主,传播的公益营销信息主要是围绕普遍性的社会问题和时政焦点等。政府组织可以通过公益营销传播来补充或者辅助政策、法规等国家意识的传播及倡导良好的社会风气等。政府组织在社会化媒体背景下,积极运用社会化媒体平台,展开新的公益营销传播尝试。例如2010年上海世博会期间,为鼓励年轻人更多地参与社会活动,世博会组委会引进LBS(Location Based Service)进行公益传播。上海世博会期间只需要通过手机LBS在上海世博会十个指定地点"签到"后,就可以得到主委会提供的公益T恤的奖励。将位置导航服务和游戏元素相结合,吸引了大量的年轻人参与,"鼓励年轻人参与社会活动"的公益主题得到很好的宣传。上海世博会组委会积极运用社会化媒体进行公益营销传播,让受众自愿地参与到公益营销活动中,并在自己的社会化媒体上分享自己的体会,扩大公益营销传播的范围和影响力。社会化媒体普及之前,政府组织的公益营销传播内容主要是以公共政策内容为主,如计划生育、交通安全、环境保护、爱国卫生等,较少涉及单个个体的问题。社会化媒体传播的运用让更多的人参与进来,聚合了更多的公益营销信息,扩大了政府组织对公益营销传播效果的反馈,让公益营销传播的内容既有公共政策的宏观的面,又有个体问题的具体的点,形成点面结合的立体内容传播。

2. 媒体组织的公益传播

纸质媒体等传统媒体依旧发挥着强大的深度优势,并且形成媒体联盟,共同进行公益营销传播。媒体纷纷从新闻报道中发现有价值的线索,进而对需要救助的对象开展救助行动。传统媒体组织公益活动的大小和其影响力,都是简单地依靠传统媒体自身所固有的影响力来决定的。社会化媒体发展以来,媒体组织充分发挥自己原有的采编优势,利用社会化媒体平台优势,不仅局限于新闻报道公益营销活动,还策划发起了大量持续进行的公益活动,扩大了公益营销传播效果。例如2011年,《华商报》《西部商报》《都市快报》《赣州晚报》等全国60多家媒体在腾讯微博平台共同发起"衣加衣"温暖行动,各媒体通过社会化媒体联合起来,共同联动,为贫困地区孩子募集过冬衣物。活动覆盖范围之广,影响人群之多,都远远超过原来各自独立进行的公益活动策划。

3. NGO 组织发起的公益传播

NGO 组织是指非政府的民间公益组织,是公益营销传播重要的社会力量。世界银行把任何民间组织——只要它的目的是援贫济困、维护穷人利益、保护环境、提供基本社会服务或促进社区发展,都称为非政府组织。非政府组织所从事的传播活动在传播学中被视为公益传播的重要组成部分。作为非营利事业的主体以及公民社会的重要组成要素,其所从事的传播活动构成了公益传播的有效组成部分,是今天我国公益传播主体四维主体中的一维(王炎龙、李京丽,2009)。非政府组织大多在资金、人力等方面力量有限,为了增强影响力,得到越来越多的社会支持以更好地传达自己的声音,它使用社会化媒体是最积极主动的。NGO 组织不但是最早使用社会化媒体进行公益营销传播的组织,而且是最成功的。例如 2012 年壹基金联合优酷、腾讯、新浪、人人网等最具影响力的新媒体平台,发起"壹基金公益映像节"活动,旨在鼓励受众用自己的镜头记录身边的公益人物和公益故事,传播"人人公益"的理念。经过 3 个月的征集,收获了 320 部公益视频,百万网友参与观看并投票,所有视频点击量超过了两千万。国内多数 NGO 组织都积极使用社会化媒体传播,表 3-1 是国内 10 家中国本土 NGO 的社会化媒体使用情况统计。

表 3-1　公益组织使用社会化媒体情况汇总

序号	NGO 组织	微信	微博	人人网
1	中国红十字会	N	Y	N
2	中国青少年发展基金会	Y	Y	Y
3	中华慈善总会	N	Y	N
4	中国扶贫基金会	Y	Y	N
5	中国环保基金会	Y	Y	N
6	中国青年志愿者协会	Y	Y	N
7	宋庆龄基金会	Y	Y	N
8	壹基金	Y	Y	Y
9	嫣然天使基金	Y	Y	N
10	自然之友	Y	Y	Y

注:"Y"代表"是",即开通使用;"N"代表"不是",即没有开通使用。

4. 企业组织的公益传播

企业组织的公益营销传播主要以公益营销为主。企业公益营销一般指企业为某一特定事件提供一定的捐赠，同时企业也能通过公益活动塑造自己的品牌和形象。与传统的广告营销相比，公益营销更有助于提升企业品牌的知名度、美誉度，便于企业树立良好的社会形象，拓展品牌的文化内涵。大型公司都喜欢采用公益慈善营销来营造健康积极的公司形象。据《2011 中国企业新媒体应用调查报告》显示，77%以上的受访企业开设了企业微博，进行内容营销和多媒体传播服务；87%的受访者每天使用社交媒体，微博和移动应用在企业人群中的使用增长迅速；企业在新媒体传播领域的投入不断增加，68%的中国企业对社交媒体在"获取新客户/提高产品销售"方面的作用表示认同。社会化媒体平台因其低成本、互动性参与度高等特性，成为众多企业进行公益营销传播的首选平台。例如美国科尔百货公司根据粉丝在 Facebook 上的投票数量，选出获得投票最多的 20 所需要资助的学校，每所学校都会得到 50 万美元的捐赠。很多人参与到学校投票活动中，并主动地转发此信息给自己社交网络中的朋友。通过这次活动科尔百货公司主页的粉丝数量猛增至 100 万，而每一个获得捐赠的学校也得到了多达 10 万票的投票。科尔公司以社会化媒体为中心的营销活动既帮助了学校教育，也体现了企业的社会责任感。国内的电子商务服务企业阿里巴巴在 2008 年汶川地震之后专门成立了社会企业责任部，通过淘宝交易平台推出"公益宝贝"。作为网商，可以在上架宝贝页面自愿参与公益宝贝计划，并设置一定的捐赠比例，在宝贝成交之后，会捐赠一定数目的金额给指定的慈善基金会，用于相关公益事业。与一般捐赠不同的是，公益宝贝是为网商量身打造的公益产品，只有当宝贝被购买时才会产生捐赠，真正做到量入为出无负担。而通过支付宝爱心捐赠平台，使捐赠更高效，募款信息与捐赠过程更为公开透明。阿里巴巴还专门成立阿里巴巴公益基金会，直接参与到公益事业中。阿里巴巴公司发挥自己的网络优势，给社会化媒体公益平台打通了支付渠道，促进社会化媒体公益营销的传播。

5. 网民组织发起的公益营销传播

网民组织的公益营销传播也成为最常见和最广泛的社会化媒体的公益营销传播。网民是一个庞大的社会群体，网民中既包括娱乐明星、知名文化界人士、某些行业精英，也包括部分弱势群体。虽然网民们的年龄、受教育水平的差异较大，传播水平和能力也有差别，但是社会化媒体的发展让每个有意于公益营销传播的个人都可以方便地使用社会化媒体进行信息的发布。政府、NGO、企业发起的公益营销传播涉及单个个体的问题较少。社会化媒体让更多的人参与进来，聚合了更多的公益营销信息，其中很多是网民自己发布的具体的个体问题。让公益营销传播的内容既有公共政策的宏观的面，又有个体问题的具体的点，形成点面结合的立体内容。例如2013年3月22日，长沙无盖井让一个花季少女被大水冲走，在悼念和悲痛之余，腾讯微博网友"@66哥"发起了一场"随手拍寻找害人井"的公益活动，号召网友们"随手拍寻找害人井"，呼吁相关部门采取措施消除安全隐患。该倡议在社会各个层面引发了强烈的反响，共有22个省的30多万网友加入该公益行动。通过网友积极参与，提供了近百条"害人井"线索，通过腾讯微博发出图文，并转发给当地政府微博。消除了多地存在的"害人井"隐患。同时也有明星、社会知名人士在社会化媒体平台上发起公益营销活动，传播公益营销信息。2011年1月25日，中国社会科学院农村发展研究所于建嵘教授发布的"随手拍照解救乞讨儿童"微博引起全国网友、各地公安部门的关注。在众多网友的参与下，根据网友提供的线索，成功解救了数名被拐卖儿童。以网友组织发起的社会化媒体的公益营销传播活动，让更多的人参与到活动中，让公益营销的理念更加深入人心，促进了公益营销传播的发展。

第四章 社会化媒体公益营销传播的受众研究

第一节 社会化媒体公益营销传播的受众人口统计特征

1. 男性比例高出女性

目前,我国的公益营销事业刚刚起步,公益受众规模在不断扩大。对比我国网民性别构成,在公益营销受众中,男性受众在社会化媒体对公益营销的参与人数要比女性受众多。

表 4-1 公益营销受众的性别构成

选项内容	选项占比	X^2	P
男	61.9%	68.130	0.000
女	38.1%		

表 4-2 我国网民的性别构成

选项内容	选项占比
男	55.8%
女	44.2%

数据来源:《2014 年中国互联网络发展状况统计报告》。

2. 年龄集中在 20—39 岁

在日常生活中,公益营销无处不在,诸如不随手扔垃圾、不闯红灯、不在公共场所吸烟等,可谓是举手之劳,老少皆宜。对比我国网民年龄分布,公益参与的人群中主要以 20—39 岁为主,合计占比达 80.2%,远高于同年龄段的网民占比,而 20 岁以下的网民对公益营销的关注度要少。可见,我国的公益营销受众群体年龄呈现纺锤分布。

表 4-3　公益营销受众的年龄构成

选项内容	选项占比	X^2	P
20 岁及以下	0.8%	1 294.916	0.000
20—29 岁	37.1%		
30—39 岁	43.1%		
40—49 岁	14.4%		
50—59 岁	3.6%		
60 岁及以上	1.1%		

表 4-4　我国网民年龄分布

选项内容	选项占比
20 岁及以下	26.0%
20—29 岁	31.2%
30—39 岁	23.8%
40—49 岁	12.1%
50—59 岁	5.1%
60 岁及以上	1.9%

数据来源:《2014 年中国互联网络发展状况统计报告》。

3. 公司职员及管理人员居多

由于我国公益营销受众的年龄主要集中在 20—49 岁人群,该年龄段的人群大多为在职人员。其中,公司/企业一般职员/职工占比最高为 36.6%,其次是公司/企业领导/管理人员(27.4%)、教学/科研/医生/律师等专业技术人员(14.4%)、机关/事业单位干部/公务员(8.5%)、个体劳动者/自由职业者(5.2%)、学生(4.1%)、农民/工人/服务人员(1.3%)、退休人员(1.0%)、兼职工作(0.5%)、家庭主妇(0.4%)、下岗/失业/无业人员(0.4%)、其他(0.1%)。

表 4-5 公益营销受众的职业构成

选项内容	选项占比	X^2	P
公司/企业一般职员/职工	36.6%	2 301.184	0.000
公司/企业领导/管理人员	27.4%		
教学/科研/医生/律师等专业技术人员	14.4%		
机关/事业单位干部/公务员	8.5%		
个体劳动者/自由职业者	5.2%		
学生	4.1%		
农民/工人/服务人员	1.3%		
退休人员	1.0%		
兼职工作	0.5%		
家庭主妇	0.4%		
下岗/失业/无业人员	0.4%		
其他	0.1%		

4. 公益参与者收入高于全国平均水平

公益营销是面向广大居民传播正能量,从而影响居民的价值观念和行为举止,与人们积累的财富多少没有直接关系。目前,在公益营销受众中,月收入为 3 001—6 000 元间的受众占比最高,达 31.3%。据国家统计局发布的《2012 年国民经济和社会发展统计公报》显示,全年农村居民人均纯收入 7 917 元,城镇居民人均可支配收入 24 565 元,意味着我国农村居民平均月收入不到千元,城镇居民每月的人均可支配收入为 2 048 元。因此,公益营销的受众整体月收入水平要高于全国居民的平均收入水平。

表 4-6 公益营销受众的月收入构成

选项内容	选项占比	X^2	P
1 500 元以下	5.4%	277.040	0.000
1 501—3 000 元	17.0%		
3 001—6 000 元	31.3%		
6 001—8 000 元	18.9%		
8 001—10 000 元	16.6%		
10 000 元以上	10.8%		

根据北京大学中国社会科学调查中心发布的《2012年中国家庭追踪调查》数据显示,2012年全国家庭人均纯收入均值为13 033元,收入最低的5%的家庭收入累计占所有家庭总收入的0.1%,而收入最高的5%家庭收入却占所有家庭总收入的23.4%,是前者的234倍,显示了我国家庭收入两极分化严重的特点[①]。而在公益营销受众中,年收入为2万—12万的受众占比达53.9%,20万以上的高收入家庭占比仅为11.6%。可见,公益营销传播受众的家庭收入普遍高于全国平均水平,收入差距相差不大。

表4-7 公益营销受众的家庭年收入构成

选项内容	选项占比	X^2	P
2万元以下	3.3%	167.055	0.000
2万—4万元(包含4万元整)	10.2%		
6万—8万元(包含6万元整)	16.7%		
8万—10万元(包含10万元整)	12.9%		
10万—12万元(包含12万元整)	14.1%		
12万—14万元(包含14万元整)	7.0%		
14万—16万元(包含16万元整)	8.1%		
16万—18万元(包含18万元整)	7.9%		
18万—20万元(包含20万元整)	8.2%		
20万元以上	11.6%		

5. 七成拥有大学及以上学历

调查数据显示,具有大学学历的受众成为参与公益营销的主要群体,占比达66.2%。其他学历的受众依次是大专(16.3%)、研究生及以上(9.6%)、高中/中专/职高(7.6%)、初中及以下(0.3%)。因此,我国公益营销受众的受教育水平整体较高,以大学及以上学历的人群为主。

---

① 参见 http://ksdb1509639.blog.163.com/blog/static/88776022201 36185525884/。

表 4-8　公益营销受众的受教育水平构成

选项内容	选项占比	X^2	P
初中及以下	0.3%	1 689.036	0.000
高中/中专/职高	7.6%		
大专	16.3%		
大学本科	66.2%		
研究生及以上	9.6%		

6. 城市居民为主要参与者

自 2006 年 3 月我国在《第十一个五年规划纲要》中提出新农村建设以来,公益营销传播已进入千千万万个乡村,从村容村貌到村民的言谈举止都已有了很大变化。目前,广大农民已成为公益营销受众的主要组成部分,占比已达到 14.4%。而随着城镇化的发展,我国农村居民参与公益营销的比例有望继续提高。

表 4-9　公益营销受众的区域构成

选项内容	选项占比	X^2	P
城市	85.6%	886.042	0.000
农村	14.4%		

7. 年轻的父母公益参与度高

关注及参与公益营销的人群以三口之家和三代同堂为主,占比分别为 60.8% 和 20.8%。其中,在三口之家中,主要以有 6 岁以下小孩的家庭为主,占比为 45.0%。在三代同堂中,主要以有 6 岁及以下小孩或 60—69 岁老人的家庭居多,占比分别为 59.1% 和 39.0%。

表4-10 公益营销受众的家庭状况构成

选项内容	选项占比	X^2	P
一人独居	4.5%	1 885.983	0.000
二人世界	11.5%		
三口之家	60.6%		
三代同堂	20.8%		
亲戚合住	0.8%		
朋友合住	1.7%		

表4-11 三口之家中小孩的年龄构成

选项内容	选项占比	X^2	P
1岁	9.0%	1 114.325	0.000
2岁	9.5%		
3岁	8.7%		
4岁	5.5%		
5岁	6.5%		
6岁	5.9%		
7岁	4.6%		
8岁	4.9%		
9岁	3.5%		
10岁	3.0%		
11岁	2.6%		
12岁	3.8%		
13岁	2.0%		
14岁	1.1%		
15岁	3.4%		
16岁	1.8%		
17岁	1.9%		
18岁及以上	22.1%		

表 4-12　三代同堂的孩子年龄构成

选项内容	选项占比	X^2	P
1 岁	16.7%	479.500	0.000
2 岁	13.9%		
3 岁	8.7%		
4 岁	4.4%		
5 岁	8.3%		
6 岁	7.1%		
7 岁	2.4%		
8 岁	4.0%		
9 岁	3.2%		
10 岁	2.8%		
11 岁	1.6%		
12 岁	2.4%		
13 岁	1.6%		
14 岁	0.4%		
15 岁	0.4%		
16 岁	1.2%		
18 岁及以上	21.0%		

表 4-13　三代同堂的老年人年龄构成

选项内容	选项占比	X^2	P
50 岁	1.2%	49.902	0.000
51 岁	2.4%		
53 岁	1.2%		
55 岁	4.9%		
56 岁	1.2%		
57 岁	2.4%		
58 岁	2.4%		
59 岁	2.4%		

续表

选项内容	选项占比	X^2	P
60 岁	9.8%		
62 岁	4.9%		
63 岁	1.2%		
64 岁	2.4%		
65 岁	8.5%		
66 岁	3.7%		
67 岁	6.1%		
68 岁	1.2%		
69 岁	1.2%		
70 岁	7.3%		
72 岁	1.2%		
73 岁	3.7%		
74 岁	3.7%		
76 岁	3.7%		
77 岁	1.2%		
79 岁	1.2%		
80 岁及以上	20.7%		

第二节 社会化媒体公益营销传播的受众用户心理与价值观

1. 大部分社会化媒体公益传播的参与者动机单纯

长期以来,我国的公益营销传播活动主要依靠政府和公益组织引导受众参与,公益组织收集受助对象信息之后,向社会受众发布,受众被动接受公益信息。而随着草根公益的兴起,关注公益行动逐渐成为人们的自发行为和生活方式。83.9%的社会化媒体公益营销传播受众表示因为"同情那些需要帮助的人,尽自己的绵薄之力"关注公益营销,30.4%的受众表示因"接受过别人的帮助,想回报社会"关注公益营销,26.6%的受众表示因"获得与朋友交流的话题"关注公益营销,19.9%的受众表示因"希望自己能获得社会帮助"关注公益营销,17.5%的受众表示"没有特别的动机,随便看看",16.6%的受众表示因要"树立个人形象"关注公益营销,4.7%的受众表示因"对游戏感兴趣(诸如QQ农场、大米游戏等)"关注公益营销,4.1%的受众表示因"工作需要"关注公益营销。

表4-14 关注公益营销的动机分析

选项内容	选项占比
同情那些需要帮助的人,尽自己的绵薄之力	83.9%
接受过别人的帮助,想回报社会	30.4%
获得与朋友交流的话题	26.6%
树立个人形象	16.6%
对游戏感兴趣(诸如QQ农场、大米游戏等)	4.7%
工作需要	4.1%
希望自己能获得社会帮助	19.9%
没有特别的动机,随便看看	17.5%
其他	0.6%

2. 助人型性格的受众更易参与公益

乐于助人是我国的传统美德,也是我国社会主义精神文明的主要理念,从20世纪60年代的雷锋到2013年的"扫桥爷爷"窦珍,中国好人一直涌现不断,这些中国好人皆为普通百姓,但却都具有乐于助人、积极向上、易相处、迎难而上、有理想的性格特点。根据九型人格理论,将受众的性格分为助人型、成就型、和平型、完美型、活跃型、理智型、疑惑型、艺术型、领袖型九大类型。其中,助人型的受众认为自己的价值就体现在他人接受自己的帮助之时,该类受众占比为76.2%;成就型的受众非常有追求,希望通过自身努力获得他人肯定,占比达67.0%;和平型的受众性格温和低调,希望事物能维持美好的现状,占比达66.7%;其他依次是完美型(66.5%)、活跃型(56.7%)、理智型(55.7%)、疑惑型(44.4%)、艺术型(42.3%)、领袖型(26.6%)。其中,同时具备助人型和成就型、助人型和和平型性格的受众占比均在50%以上。

表4-15 公益营销受众的性格分析

选项内容	选项占比
助人型	76.2%
成就型	67.0%
和平型	66.7%
完美型	66.5%
活跃型	56.7%
理智型	55.7%
疑惑型	44.4%
艺术型	42.3%
领袖型	26.6%

3. 帮助他人为多数受众的价值理念

(1) 社会责任感:97.0%的受众希望通过自己的行为帮助或影响他人

关注及参与公益营销的受众皆有很强的社会责任感,希望通过自己的行为举止去帮助他人或影响他人,尽管一个人的力量比较微薄,但成千上万的受众都参与进来,对整个社会公益营销的影响便不可小觑,而拥有这类想法的受众占比高达97.0%。

表4-16 公益营销受众的社会责任感分析

选项内容	选项占比	X^2	P
看见不平事,我总是想管一管			
非常符合	19.2%	1 095.030	.000
比较符合	64.4%		
比较不符合	16.0%		
非常不符合	0.5%		

续表

选项内容	选项占比	X^2	P
我认为自己有责任为环境保护做出贡献			
非常符合	40.9%	1 119.089	.000
比较符合	56.0%		
比较不符合	3.0%		
非常不符合	0.2%		
虽然我的力量微薄,但社会进步也靠我的一份力			
非常符合	40.8%	1 123.966	.000
比较符合	56.2%		
比较不符合	2.6%		
非常不符合	0.4%		

(2) 成功观:95.0%的受众以对社会有贡献作为成功衡量标准

关注及参与公益营销的受众衡量成功的标准很多种,涉及社会地位、对社会的贡献、家庭美满等,但以对社会有贡献作为成功衡量标准的比重最高,占比达95.0%,其次是家庭美满(78.1%),获得社会地位或声望(68.2%)。

表4-17 公益营销受众的成功价值观分析

选项内容	选项占比	X^2	P
我认为成功的标志是获得社会地位或声望			
非常符合	18.2%	557.223	0.000
比较符合	50.0%		
比较不符合	28.5%		
非常不符合	3.3%		
我认为贡献不分大小,只要对社会有贡献就是成功			
非常符合	40.8%	1 025.730	0.000
比较符合	54.2%		
比较不符合	4.8%		
非常不符合	0.2%		

续表

选项内容	选项占比	X^2	P
我认为家庭美满就是幸福,不必要非要追求事业成功			
非常符合	26.1%	624.638	0.000
比较符合	51.9%		
比较不符合	20.2%		
非常不符合	1.7%		

(3) 金钱观:94.5%的受众愿意拿出部分资金帮助他人

由于关注及参与公益营销的受众收入水平要比全国居民平均的收入水平高,绝大多数受众均愿意拿出一部分资金帮助他人,特别是在汶川、玉树大地震等重大灾难面前,民众及企业踊跃捐款。可以说,捐款已成为受众参与公益营销的重要方式之一。在对金钱的看法上,绝大多数受众都认为金钱并非是万能的,能否实现理想和金钱多少并没有直接关系,94.5%的受众愿意拿出一部分资金帮助需要帮助的人。

表4-18 公益营销受众的金钱价值观分析

选项内容	选项占比	X^2	P
我的理想与获得多少金钱无关			
非常符合	22.1%	605.481	0.000
比较符合	52.0%		
比较不符合	23.5%		
非常不符合	2.4%		
我认为金钱是万能的			
非常符合	7.4%	379.860	0.000
比较符合	22.7%		
比较不符合	46.7%		
非常不符合	23.2%		
我愿意将钱捐给需要帮助的人			
非常符合	25.0%	1 444.482	0.000
比较符合	69.6%		
比较不符合	4.9%		
非常不符合	0.6%		

(4) 人生观：89.3%的受众认可人生价值在于帮助他人

"爱国、敬业、诚信、友善"是我国社会主义核心价值观念，也是诸多社会受众的人生价值观念。目前，90.3%的受众清楚自己的人生意义，89.3%的受众认可人生价值在于帮助他人，58.3%的受众认可人生价值在于让更多的人记住。可见，公益营销受众是一群非常友善的群体，高度认可助人是人生价值的一部分。

表4-19 公益营销受众的人生价值观分析

选项内容	选项占比	X^2	P
我认为人生的价值在于帮助他人			
非常符合	24.3%	1 173.521	0.000
比较符合	65.0%		
比较不符合	10.4%		
非常不符合	0.2%		
我知道自己的人生意义是什么			
非常符合	31.3%	1 003.165	0.000
比较符合	59.2%		
比较不符合	9.2%		
非常不符合	0.2%		
我认为人生的价值在于让更多的人记住我			
非常符合	11.7%	604.787	0.000
比较符合	46.7%		
比较不符合	37.7%		
非常不符合	4.0%		

第三节　社会化媒体公益营销传播的受众行为分析

1. 持续性公益关注行为

20世纪80年代，随着我国经济体制改革和政治体制改革的开展，为公益组织的成立提供了宽松的环境，越来越多的社会人士投身到公益事业当中，

86.9%的社会化媒体公益传播受众对公益营销的关注在一年以上。

表4-20 关注公益营销的时间长度分析

选项内容	选项占比	X^2	P
半年以内	4.2%	381.782	0.000
半年到1年	8.9%		
1—3年	31.8%		
3—5年	25.6%		
5年以上	29.5%		

通过对性别、职业、区域、家庭状况和受众关注公益营销的时间长度进行卡方检验,结果显示:不同性别、不同职业、不同区域、不同家庭状况的受众关注或参与公益营销的时间长度均存在显著差异。

表4-21 不同受众群体关注公益营销时间长度的卡方检验

类别	值	df	渐进 Sig.（双侧）
性别			
Pearson 卡方	12.742[a]	4	.013
似然比	12.845	4	.012
线性和线性组合	2.056	1	.152
有效案例中的 N	3 023		
职业			
Pearson 卡方	115.630[a]	44	.000
似然比	103.445	44	.000
线性和线性组合	22.522	1	.000
有效案例中的 N	3 023		
区域			
Pearson 卡方	28.203[a]	4	.000
似然比	31.435	4	.000
线性和线性组合	4.187	1	.041
有效案例中的 N	3 023		
家庭状况			
Pearson 卡方	53.870[a]	20	.000
似然比	54.520	20	.000
线性和线性组合	.437	1	.508
有效案例中的 N	3 023		

从性别角度看,男性受众和女性受众关注公益营销的时间长度具有明显差异,男性受众选择"5年以上"和"半年以内"选项占比要比女性受众高,选择其他选项的占比要比女性受众低。

表4-22 不同性别受众关注或参与公益营销的时间长度的差异性分析

		请问您关注或参与公益的时间有多久?				
		半年以内	半年到1年	1—3年	3—5年	5年以上
请问您的性别是?	男	5.1%	7.4%	30.9%	25.0%	31.7%
	女	2.8%	11.5%	33.2%	26.5%	26.0%
合计		4.2%	8.9%	31.8%	25.6%	29.5%

从职业角度看,不同职业的受众关注公益营销的时间长度具有明显差异。机关/事业单位干部/公务员、公司/企业领导/管理人员"5年以上",公司/企业一般职员/职工、学生、个体劳动者/自由职业者、家庭主妇首选"1—3年",农民/工人/服务人员首选"半年以内"和"1—3年"。

表4-23 不同职业受众关注或参与公益营销的时间长度的差异性分析

		半年以内	半年到1年	1—3年	3—5年	5年以上
请问您的职业是?	机关/事业单位干部/公务员	1.0%	6.8%	27.2%	22.3%	42.7%
	公司/企业领导/管理人员	3.3%	5.4%	26.0%	30.2%	35.0%
	公司/企业一般职员/职工	3.4%	10.4%	37.9%	25.5%	22.8%
	教学/科研/医生/律师等专业技术人员	4.0%	9.8%	28.2%	23.6%	34.5%
	学生	16.0%	10.0%	46.0%	16.0%	12.0%
	个体劳动者/自由职业者	6.3%	11.1%	33.3%	20.6%	28.6%
	家庭主妇	8.3%	25.0%	33.3%	25.0%	8.3%
	下岗/失业/无业人员	8.3%	16.7%	16.7%	33.3%	25.0%
	退休人员	13.3%	16.7%	20.0%	26.7%	23.3%
	农民/工人/服务人员	25.0%	18.8%	25.0%	18.8%	12.5%
	兼职工作	16.7%	33.3%	16.7%	33.3%	0.0%
	其他	16.7%	16.7%	33.3%	33.3%	33.3%
合计		4.2%	8.9%	31.8%	25.6%	29.5%

从区域角度看,城市居民和农村居民在关注公益营销的时间长度上存在

显著差异,城市居民首选"3—5年以上",农村居民首选"5年以上"。

表4-24 不同区域受众关注或参与公益营销的时间长度的差异性分析

		请问您关注或参与公益的时间有多久?				
		半年以内	半年到1年	1—3年	3—5年	5年以上
您居住的地区是?	城市	3.7%	8.5%	31.7%	27.1%	29.0%
	农村	10.3%	14.9%	32.2%	5.7%	36.8%
合计		4.2%	8.9%	31.8%	25.6%	29.5%

从家庭状况看,不同家庭类别关注公益营销的时间长度存在显著差异,三口之家首选"5年以上"和"1—3年",其余家庭均首选"1—3年"。

表4-25 不同家庭状况受众关注或参与公益营销的时间长度的差异性分析

		请问您关注或参与公益的时间有多久?				
		半年以内	半年到1年	1—3年	3—5年	5年以上
请问您的家庭状况是?	一人独居	5.5%	16.4%	32.7%	21.8%	23.6%
	二人世界	1.4%	18.7%	33.1%	19.4%	27.3%
	三口之家	4.8%	7.5%	30.2%	27.0%	30.6%
	三代同堂	4.0%	5.2%	31.7%	27.4%	31.7%
	亲戚合住	8.0%	12.0%	20.0%	28.0%	32.0%
	朋友合住	9.8%	13.7%	27.5%	25.5%	21.6%
合计		4.2%	8.9%	31.8%	25.6%	29.5%

通过对年龄、个人月收入、家庭年收入、受教育水平和关注公益活动时间长度的相关性分析,结果表明:受众关注或参与公益营销时间长度和年龄、月收入、家庭年收入、受教育水平呈现显著性的正相关关系,年龄越大、收入越高、受教育水平越高,受众关注或参与公益营销的时间就越长。

表4-26 不同因素与关注或参与公益营销时间长度的相关性

维度	r	P
年龄	0.218**	0.000
个人月收入	0.216**	0.000
家庭年收入	0.205**	0.000
受教育水平	0.142**	0.000

**. 在.01水平(双侧)上显著相关。

2. 环境保护类内容最受关注

目前,我国公益营销围绕环境保护、动物保护、节约资源、残障救助、关爱老人、公共场所禁烟、遵守交通规则等开展了诸多公益活动。其中,69.9%的受众关注环境保护类的公益营销,68.0%的受众关注节约资源类的公益营销,61.1%的受众关注扶贫助学和儿童权益类的公益营销,58.1%的受众关注赈灾类的公益营销,54.1%的受众关注老年人关爱和贫困家庭救济类的公益营销,46.7%的受众关注残障救助类的公益营销,45.7%的受众关注动物保护类的公益营销,35.5%的受众关注专业或技术支援类的公益营销,0.1%的受众关注其他类(廉政)的公益营销。可见,在众多公益营销的主题中,受众对环境、教育、儿童、养老、残障人群等当前的热点问题和弱势群体都比较关注。同时,公益营销的宣传也成为党政建设的方式之一,诸如廉政宣传也受到了受众的关注。

表4-27　受众关注公益营销的类型分析

选项内容	选项占比
环境保护	69.9%
赈灾	58.1%
动物保护	45.7%
节约资源(水、电、汽油、粮食等)	68.0%
专业或技术支援(医疗、法律、农业、教育等)	35.5%
扶贫助学	61.1%
残障救助	46.7%
儿童权益	61.1%
妇女权益	40.4%
老年人关爱	54.1%
贫困家庭救济	54.1%
其他	0.1%

3. 捐款捐物为最常见的公益参与形式

受众参与公益营销的方式有捐款捐物、一对一帮扶、公益拍卖、公益演出、领养、购买体彩、当志愿者等,而捐款捐物凭借简单易行的优势成为主要参与方式。数据显示,75%以上的受众参与过捐款捐物。志愿者服务起源于19世纪初,于20世纪90年代进入我国,从此,志愿者行动便在全国展开。每逢遇到大型赛事、自然灾害救助总能看到志愿者忙碌的身影。可以说,志愿者已成为参与公益营销的第二大方式,65.1%的受众表示参加过志愿者活动。而公益宣传则成为受众的第四大参与方式,59.0%的受众参加过公益宣传。

表 4-28 公益营销的参与方式分析

选项内容	选项占比
捐款	85.4%
捐物	76.8%
志愿者行动	65.1%
公益宣传	59.0%
公益拍卖/义卖	21.2%
一对一帮扶	18.9%
其他	0.2%

4. 节约用水号召响应率最高

近年来,我国政府或公益组织先后发起了节约用水、说好普通话、关爱空巢老人、无偿献血、吸烟有害等多个主题的公益宣传,得到了较多受众的参与。其中,响应"节约用水,从点滴开始"的受众比例最高,为73.9%,其次是"地球是我家,绿化靠大家"(64.8%)、"少用一双一次性筷子"(60.3%)、"为了你和家人的健康,请不要吸烟"(55.2%)、"喝酒不开车,开车不喝酒"(54.4%)、"无偿献血,用爱心为生命加油"(53.3%)、"'痰吐'得体,从我做起"(41.9%)、"尊师重教是中华民族的优良传统"(41.7%)、"说好普通话,方便你我他"(41.5%)、"没有买卖就没有杀戮"(41.2%)、"关爱空巢老人"(40.4%)、"无车日不开车"(38.0%)、"'我要上学'希望工程"(37.6%)、"尚善若水,厚德载物"(34.7%)、"给妈妈洗脚"(27.0%)。

表 4-29 响应过的公益营销活动分析

选项内容	选项占比
关爱空巢老人	40.4%
给妈妈洗脚	3.9%
少用一双一次性筷子	60.3%
无车日不开车	8.0%
没有买卖就没有杀戮	41.2%
节约用水,从点滴开始	73.9%
"我要上学"希望工程	37.6%
为了你和家人的健康,请不要吸烟	55.2%
无偿献血,用爱心为生命加油	13.3%
说好普通话,方便你我他	41.5%
地球是我家,绿化靠大家	64.8%
喝酒不开车,开车不喝酒	54.4%
尚善若水,厚德载物	34.7%
"痰吐"得体,从我做起	41.9%
尊师重教是中华民族的优良传统	41.7%
其他	0.8%

5. 人际传播重要性凸显口碑营销价值

当前,我国公益营销宣传采用户外大屏、楼宇媒体、公交电视、墙面印刷等多种载体,已经覆盖县市区广场、商场、公园、火车站、汽车站、机场等客流量大的公共场所。受众每逢看到"中国梦—我的梦"、"系上安全带,对己对人是关爱"、"遵德守礼"等宣传,都觉得温暖而生动,在潜移默化的引导下关注并参与到公益营销活动中。在看到公益营销的宣传后,65.3%的受众会向周围的亲朋好友宣传,60.2%的受众会主动搜索公益营销信息,34.2%的受众会申请加入公益组织,31.9%的受众会安装公益信息相关的客户端(游戏、论坛、贴吧、二维码等),22.4%的受众会发起公益活动,25.1%的受众只会参与一下,只有

1.3%的受众"只是看看"。这显示公益营销的传播对绝大多数受众还是具有较为显著的影响,能够吸引受众参与。

表4-30　公益营销的启发行为分析

选项内容	选项占比
安装公益信息相关的客户端(游戏、论坛、贴吧、二维码等)	31.9%
主动搜索公益营销信息	60.2%
向周围的亲朋好友宣传	65.3%
申请加入公益组织	34.2%
发起公益活动	22.4%
只会参与一下	25.1%
以上都有	4.1%
以上都没有,只是看看	1.3%

6. 大部分参与者将公益内化成习惯

(1) 62.9%的受众每年有1—14天做公益营销

虽然公益组织越来越多,但大多数公益人群主要利用业余时间兼职做公益。总体而言,社会化媒体公益营销传播的受众对公益的时间投入也越来越多。调查显示:在过去三年,62.9%的受众平均每年用在公益营销方面的时间为两周以内,其中,每年花费2—7天用来参加公益活动的受众比重最高,为34.1%,而投入1个月以上用来做公益活动的受众比例仅为15.9%。

表4-31　公益营销的时间投入分析

选项内容	选项占比	X^2	P
1天及以下	2.8%	853.916	0.000
2—7天	34.1%		
1—2周	26.0%		
2周以上—1个月	21.3%		
1个月以上—3个月	11.5%		
3个月以上—半年	2.5%		
半年以上	1.9%		

通过对性别、职业、区域、家庭状况和公益营销的时间投入进行卡方检验，结果显示：不同职业、不同区域的受众在对公益营销的时间投入存在显著差异。

表4-32 不同受众群体对公益营销时间投入的卡方检验

类别	值	df	渐进 Sig.（双侧）
性别			
Pearson 卡方	4.956a	6	.550
似然比	4.932	6	553
线性和线性组合	1.904	1	.168
有效案例中的 N	3 023		
职业			
Pearson 卡方	102.705a	66	.003
似然比	87 892	66	.037
线性和线性组合	.46	1	.504
有效案例中的 N	3 023		
区域			
Pearson 卡方	21.574a	6	.001
似然比	26.218	6	.000
线性和线性组合	12.915	1	.000
有效案例中的 N	3 023		
家庭状况			
Pearson 卡方	31.291a	30	.401
似然比	34.88	30	.247
线性和线性组合	.536	1	.464
有效案例中的 N	3 023		

从职业角度看，机关/事业单位干部/公务员、教学/科研/医生/律师等专业技术人员、公司/企业一般职员/职工、学生、兼职工作者首选"2—7天"，退休人员、个体劳动者/自由职业者、农民/工人/服务人员首选"1—2周"，公司/企业领导、管理人员、下岗/失业/无业人员首选"2周以上—1个月"。

表4-33 不同职业受众对公益营销投入的时间分析

		在过去3年中,平均每年您花在参与公益活动上的时间是?						
		1天及以下	2—7天	1—2周	2周以上—1个月	1个月以上—3个月	3个月以上—半年	半年以上
请问您的职业是?	机关/事业单位干部/公务员	3.9%	37.9%	22.3%	17.5%	14.6%	1.0%	2.9%
	公司/企业领导/管理人员	3.0%	26.6%	25.4%	27.8%	11.5%	3.3%	2.4%
	公司/企业一般职员/职工	2.3%	36.3%	28.7%	18.3%	11.3%	2.5%	0.7%
	教学/科研/医生/律师等专业技术人员	3.4%	42.5%	24.7%	17.8%	10.3%	0.6%	0.6%
	学生	4.0%	48.0%	12.0%	20.0%	14.0%	2.0%	0.0%
	个体劳动者/自由职业者	1.6%	22.2%	33.3%	20.6%	11.1%	4.8%	6.3%
	家庭主妇	8.3%	25.0%	16.7%	25.0%	16.7%	8.3%	8.3%
	下岗/失业/无业人员	8.3%	16.7%	25.0%	16.7%	16.7%	8.3%	8.3%
	退休人员	6.7%	23.3%	26.7%	20.0%	10.0%	6.7%	6.7%
	农民/工人/服务人员	7.5%	20.0%	25.0%	17.5%	12.5%	7.5%	5.0%
	兼职工作	6.3%	31.3%	25.0%	18.8%	6.3%	6.3%	6.3%
	其他	0.0%	33.3%	33.3%	33.3%	0.0%	0.0%	0.0%
合计		2.8%	34.1%	26.0%	21.3%	11.5%	2.5%	1.9%

从区域角度看,城市受众和农村受众每年用在公益营销方面的时间以2周内为主。其中,农村受众选择"2—7天"的占比要比城市受众高5.3%,选择"1—2周"的占比要比城市受众高1.8%。

表4-34 不同区域受众对公益营销投入的时间分析

		在过去3年中,平均每年您花在参与公益活动上的时间是?						
		1天及以下	2—7天	1—2周	2周以上—1个月	1个月以上—3个月	3个月以上—半年	半年以上
您居住的地区是?	城市	2.6%	33.0%	25.8%	22.5%	11.5%	2.6%	2.0%
	农村	5.7%	38.3%	27.6%	15.7%	11.5%	1.1%	0.0%
合计		2.8%	34.1%	26.0%	21.3%	11.5%	2.5%	1.9%

通过对年龄、个人月收入、家庭年收入、受教育水平和公益营销每年时间投入的相关性分析,结果表明:受众在公益营销方面每年的时间投入和月收入、家庭年收入、受教育水平呈现正相关关系,收入越高、受教育水平越高,受众每年投入的资金就越多;而受众在公益营销方面每年的资金投入和年龄、受教育水平的相关性不显著。

表4-35 不同因素与公益营销每年时间投入的相关性

维度	r	P
年龄	−0.056	0.053
个人月收入	0.188**	0.000
家庭年收入	0.174**	0.000
受教育水平	0.040	0.163

**. 在.01水平(双侧)上显著相关。

(2) 79.7%的受众每年都会有公益营销支出

在过去三年,99.7%的社会化媒体营销传播受众表示都在公益方面投入过资金,平均每年投入金额1 000元以下居多,占比为57.4%,而年平均万元以上投入规模的占比则比较小,仅为4.5%。

表4-36 公益营销的每年资金投入分析

选项内容	选项占比	X^2	P
0元	20.3%	1 241.553	.000
1—500元	31.9%		
501—1 000元	25.1%		
1 001—2 000元	5.6%		
2 001—5 000元	8.2%		
5 001—10 000元	4.2%		
1 0001—20 000元	1.9%		
20 001—50 000元	1.3%		
5万元以上	1.3%		

通过对性别、职业、区域、家庭状况和公益营销的资金投入进行卡方检验,结果显示:不同职业、不同区域的受众在对公益营销的资金投入存在显著差异。

表 4-37 不同受众群体对公益营销资金投入的卡方检验

维度	值	df	渐进 Sig.（双侧）
性别			
Pearson 卡方	5.215a	8	.734
似然比	5.238	8	.732
线性和线性组合	.426	1	.514
有效案例中的 N	3 023		
职业			
Pearson 卡方	181.057a	88	.000
似然比	174.128	88	.000
线性和线性组合	15.785	1	.000
有效案例中的 N	3 023		
区域			
Pearson 卡方	40.578a	8	.000
似然比	44.943	8	.000
线性和线性组合	29.000	1	.000
有效案例中的 N	3 023		
家庭状况			
Pearson 卡方	43.321a	40	.332
似然比	51.915	40	.098
线性和线性组合	.032	1	.858
有效案例中的 N	3 023		

通过对年龄、个人月收入、家庭年收入、受教育水平和公益营销每年资金投入的相关性分析，结果表明：公益营销每年资金投入和月收入、家庭年收入、受教育水平呈现正相关关系，收入越高，受众每年时间投入就越多；公益营销每年时间投入和年龄的相关性不显著。

表 4-38 不同因素与公益营销每年资金投入的相关性

维度	r	P
年龄	0.004	0.888
个人月收入	0.441**	0.000
家庭年收入	0.343**	0.000
受教育水平	0.171**	0.000

**. 在 .01 水平（双侧）上显著相关。

7. 参与者对公益的重视程度未来会有增加

(1) 59.6%的受众未来对公益行动会投入更多精力

未来三年,59.6%的受众表示会增加在公益行动方面的精力投入。其中,52.9%的受众表示会在公益行动方面的精力投入略有增加,6.7%的受众表示在公益行动方面的精力投入将增加很多,32.9%的受众表示在公益行动方面的精力投入与之前持平,只有7.6%的受众表示会减少在公益行动方面的精力投入。

表4-39 公益行动的未来精力投入分析

选项内容	选项占比	X^2	P
减少很多	1.2%	1 187.241	0.000
略有减少	6.4%		
持平	32.9%		
略有增加	52.9%		
增加很多	6.7%		

通过对性别、职业、区域、家庭状况和公益行动的未来精力投入进行卡方检验,结果显示:不同职业、不同家庭状况的受众在对公益行动的未来精力投入存在显著差异。

表4-40 不同受众群体对公益营销未来精力投入的卡方检验

维度	值	df	渐进 Sig.(双侧)
性别			
Pearson 卡方	1.768ª	4	.778
似然比	1.777	4	.777
线性和线性组合	.969	1	.325
有效案例中的 N	3 023		
职业			
Pearson 卡方	90.723ª	44	.000
似然比	82.899	44	.000

表 4-43　不同因素与公益行动未来精力投入的相关性

维度	r	P
年龄	0.095**	0.001
个人月收入	0.150**	0.000
家庭年收入	0.147**	0.000
受教育水平	0.041	0.157

**. 在.01 水平(双侧)上显著相关。

(2) 64.0%的受众会增加在公益行动的支出

未来三年,64.0%的受众在公益行动方面投入的资金会增加。其中,56.9%的受众表示会略有增加,7.1%的受众表示会增加很多。29.9%的受众表示投入在公益行动的资金保持不变,6.0%的受众表示投入在公益行动的资金会减少,但减少幅度都比较小。

表 4-44　公益行动的未来资金投入分析

选项内容	选项占比	X^2	P
减少很多	0.5%	1 339.838	.000
略有减少	5.5%		
持平	29.9%		
略有增加	56.9%		
增加很多	7.1%		

通过对性别、职业、区域、家庭状况和公益行动的未来资金投入进行卡方检验,不同职业、不同家庭状况的受众未来对公益行动的资金投入存在显著差异。

表 4-45　不同受众群体和公益行动未来资金投入的卡方检验

维度	值	df	渐进 Sig.（双侧）
性别			
Pearson 卡方	4.444[a]	4	.349
似然比	4.615	4	.329
线性和线性组合	1.797	1	.180

续表

维度	值	df	渐进 Sig.（双侧）
有效案例中的 N	3 023		
职业			
Pearson 卡方	81.821[a]	44	.000
似然比	80.546	44	.001
线性和线性组合	2.705	1	.100
有效案例中的 N	3 023		
区域			
Pearson 卡方	6.366[a]	4	.173
似然比	9.125	4	.058
线性和线性组合	1.254	1	.263
有效案例中的 N	3 023		
家庭状况			
Pearson 卡方	48.841[a]	20	.000
似然比	42.471	20	.002
线性和线性组合	9.508	1	.002
有效案例中的 N	3 023		

从职业角度看,关于未来对公益行动的资金投入,公司/企业领导/管理人员、教学/科研/医生/律师等专业技术人员、学生、下岗/失业/无业人员选择"略有增加"的占比要高于整体水平,公司/企业领导/管理人员、个体劳动者/自由职业者选择"增加很多"的占比要高于整体水平。

表 4-46 不同职业受众未来对公益行动的资金投入分析

		在未来 3 年,您计划投入到公益活动中资金相比现在:				
		减少很多	略有减少	持平	略有增加	增加很多
请问您的职业是？	机关/事业单位干部/公务员	1.0%	5.8%	31.1%	56.3%	5.8%
	公司/企业领导/管理人员	0.6%	3.3%	22.4%	60.7%	13.0%
	公司/企业一般职员/职工	0.5%	6.1%	36.3%	52.8%	4.3%
	教学/科研/医生/律师等专业技术人员	0.0%	7.5%	29.3%	60.9%	2.3%

续表

	在未来3年,您计划投入到公益活动中资金相比现在:				
	减少很多	略有减少	持平	略有增加	增加很多
学生	2.0%	6.0%	28.0%	58.0%	6.0%
个体劳动者/自由职业者	0.0%	3.2%	30.2%	54.0%	12.7%
家庭主妇	0.0%	8.3%	41.7%	50.0%	0.0%
下岗/失业/无业人员	0.0%	8.3%	33.3%	58.3%	0.0%
退休人员	0.0%	13.3%	33.3%	50.0%	3.3%
农民/工人/服务人员	0.0%	10.0%	37.5%	52.5%	0.0%
兼职工作	0.0%	6.3%	37.5%	56.3%	0.0%
其他,请注明:	0.0%	33.3%	33.3%	33.3%	0.0%
合计	0.5%	5.5%	29.9%	56.9%	7.1%

从家庭状况看,关于未来对公益行动的资金投入,一人独居的受众首选"持平",其他家庭状况的受众首选"略有增加"。

表4-47 不同家庭情况的受众对公益行动资金投入分析

		在未来3年,您计划投入到公益活动中资金相比现在:				
		减少很多	略有减少	持平	略有增加	增加很多
请问您的家庭状况是?	一人独居	1.8%	7.3%	50.9%	36.4%	3.6%
	二人世界	0.7%	10.1%	38.1%	45.3%	5.8%
	三口之家	0.4%	5.0%	26.9%	60.0%	7.6%
	三代同堂	0.4%	2.8%	29.8%	59.9%	7.1%
	亲戚合住	0.0%	12.5%	33.3%	45.8%	8.3%
	朋友合住	0.0%	9.8%	33.3%	51.0%	5.9%
合计		0.5%	5.5%	29.9%	56.9%	7.1%

通过对年龄、个人月收入、家庭年收入、受教育水平和公益行动未来资金投入的相关性分析,结果表明:未来,受众在公益行动方面的资金投入和年龄、月收入、家庭年收入、受教育水平均呈现正相关关系,年龄越大、收入越高、受教育水平越高,未来受众在公益方面投入的资金就越多。

表 4-48　不同维度与公益行动未来资金投入的相关性

维度	r	P
年龄	0.070**	0.015
个人月收入	0.196**	0.000
家庭年收入	0.189**	0.000
受教育水平	0.086**	0.003

**.在.01水平(双侧)上显著相关。

8. 自然环境保护类公益活动最受欢迎

未来三年,72.9%的受众希望参与自然环境保护类的公益活动,57.5%的受众希望参与捐资助学类的公益活动,53.4%的受众希望参与捐助孤寡老人类的公益活动,52.5%的受众希望参与捐助家庭困难伤病患者类的公益活动,51.4%的受众希望参与社会文明督导的公益活动,48.6%的受众希望参与关爱妇女儿童类的公益活动,36.9%的受众希望参与支教/支医/支农志愿者类的公益活动,24.4%的受众希望参与流浪动物收养类的公益活动。可见,人们期望参与的公益活动类型体现受众对解决当前我国环境保护、上学、养老、看病等热点问题的期望。

表 4-49　公益营销的未来参与类型分析

选项内容	选项占比
捐资助学	57.5%
关爱妇女儿童	48.6%
捐助孤寡老人	53.4%
捐助家庭困难的伤病患者	52.5%
支教/支医/支农志愿者	36.9%
社会文明督导	51.4%
自然环境保护	72.9%
流浪动物收养	24.4%

第五章 社会化媒体公益营销传播的效果研究

第一节 社会化媒体公益营销传播的认知

随着社会化媒体的兴起和受众时间的碎片化的相契合,微博、微信、博客、社交网络等社会化媒体迅速成为受众关注公益营销的渠道之一。由于该类平台上公益活动类型丰富、内容全面、活动频繁、互动性强等优势,促使大多数社会化媒体用户转化为公益营销人士并付诸行动,社会化媒体已成为公益营销传播的重要平台。

1. 微博公益传播关注度最高

所谓社会化媒体是指人们相互之间用来分享看法、经验和信息的平台,具体包括微博、微信、QQ空间、论坛、贴吧、博客、朋友网、开心网、豆瓣等。由于社会化媒体具有获取信息和参与活动方便快捷、信息量大、互动性强、信息透明等优势,社会化媒体很快成为公益组织、政府、民间人士和受众的互动交流平台。在社会化媒体中,77.0%的受众通过微博关注公益营销,66.7%的受众通过微信关注公益营销,64.4%的受众通过QQ空间关注公益营销,该三大渠道位居前三位。

表 5-1　通过社会化媒体关注公益营销的原因分析

选项内容	选项占比
获取信息和参与活动都很方便快捷	71.3%
信息量大,总能找到自己感兴趣的	67.0%
参与者零门槛,易于参与	61.7%
互动性强	60.9%
信息透明,让人信任	57.9%

表 5-2　通过社会化媒体关注公益营销的渠道分析

选项内容	选项占比
微博	77.0%
微信	66.7%
QQ 空间	64.4%
论坛/贴吧	54.9%
人人网	43.2%
博客	38.9%
朋友网	31.2%
开心网	26.9%
豆瓣	18.3%
陌陌	9.1%
蚂蜂窝	7.4%
其他	0.8%

2. 半数以上受众会周期性关注

尽管现代社会受众生活工作的节奏越来越快,但人们还是会抽出一些时间关注公益营销。47.1%的受众在社会化媒体上每周都会关注公益营销 2—3 次,22.7%的受众在社会化媒体上每周都会关注公益营销 1—2 次,17.2%的受众在社会化媒体上每天都会关注公益营销信息,11.0%的受众在社会化媒体上关注公益营销较随意,2.0%的受众在社会化媒体上半年关注公益营销 1—2 次。

表 5-3 通过社会化媒体关注公益营销的频率分析

选项内容	选项占比	X^2	P
每天都会关注	17.2%	697.183	0.000
每周会关注 2—3 次	47.1%		
每月会关注 1—2 次	22.7%		
半年关注 1—2 次	2.0%		
较随意,有时间就关注	11.0%		

通过对性别、职业、区域、家庭状况和在社会化媒体上关注公益营销的频率进行卡方检验,不同职业、不同家庭状况的受众在社会化媒体上关注公益营销的频率存在显著差异。

表 5-4 不同受众在社会化媒体上关注公益营销的频率分析

类别	值	df	渐进 Sig.(双侧)
性别			
Pearson 卡方	5.814[a]	3	.121
似然比	6.060	3	.109
线性和线性组合	1.636	1	.201
有效案例中的 N	3 023		
职业			
Pearson 卡方	70.052[a]	33	.000
似然比	68.704	33	.000
线性和线性组合	.675	1	.411
有效案例中的 N	3 023		
区域			
Pearson 卡方	7.835[a]	3	.050
似然比	9.501	3	.023
线性和线性组合	4.830	1	.028
有效案例中的 N	3 023		
家庭状况			
Pearson 卡方	37.879[a]	15	.001
似然比	35.535	15	.002
线性和线性组合	1.407	1	.236
有效案例中的 N	3 023		

从职业角度看,不同职业的受众均首选"每周会关注 2—3 次",其中,教学/科研/医生/律师等专业技术人员选择"每天都会关注"的比例最高,学生选择"较随意,有时间就关注"的比例最高。

表 5-5　不同职业受众在社会化媒体上关注公益营销的差异性分析

		在社会化媒体上关注公益营销的频率				
		每天都会关注	每周会关注2—3次	每月会关注1—2次	半年关注1—2次	较随意，有时间就关注
请问您的职业是？	机关/事业单位干部/公务员	18.4%	48.5%	22.3%	1.0%	9.7%
	公司/企业领导/管理人员	19.9%	52.9%	19.6%	0.3%	7.3%
	公司/企业一般职员/职工	13.5%	43.8%	26.2%	3.2%	13.3%
	教学/科研/医生/律师等专业技术人员	21.3%	46.0%	20.1%	1.7%	10.9%
	学生	6.0%	40.0%	30.0%	6.0%	18.0%
	个体劳动者/自由职业者	19.0%	44.4%	28.6%	1.6%	6.3%
	家庭主妇	8.3%	41.7%	25.0%	8.3%	16.7%
	下岗/失业/无业人员	16.7%	50.0%	16.7%	8.3%	8.3%
	退休人员	10.0%	43.3%	30.0%	13.3%	3.3%
	农民/工人/服务人员	15.0%	40.0%	20.0%	17.5%	7.5%
	兼职工作	6.3%	37.5%	25.0%	18.8%	12.5%
	其他	33.3%	33.3%	33.3%	0.0%	0.0%
合计		17.2%	47.1%	22.7%	2.0%	11.0%

从家庭状况角度看，不同家庭状况的受众均首选"每周会关注 2—3 次"，其中，三口之家、三代同堂受众选择"每周会关注 2—3 次"的比例最高。

表 5-6　不同家庭状况受众在社会化媒体上关注公益营销的差异性分析

		在社会化媒体上关注公益营销的频率				
		每天都会关注	每周会关注2—3次	每月会关注1—2次	半年关注1—2次	较随意，有时间就关注
请问您的家庭状况是？	一人独居	10.9%	36.4%	29.1%	0.0%	23.6%
	二人世界	12.2%	43.2%	25.2%	5.0%	14.4%
	三口之家	19.4%	48.4%	21.1%	1.6%	9.4%
	三代同堂	16.3%	48.4%	23.8%	1.2%	10.3%
	亲戚合住	12.5%	45.8%	25.0%	12.5%	8.3%
	朋友合住	9.8%	47.1%	23.5%	13.7%	5.9%
合计		17.2%	47.1%	22.7%	2.0%	11.0%

通过对年龄、个人月收入、家庭年收入、受教育水平和受众在社会化媒体上关注公益营销的频率进行相关性分析,结果表明:受众在社会化媒体上关注公益营销的频率和月收入显著正相关关系,随着月收入的增加,受众在社会化媒体上关注公益的频率就会增加。

表 5-7 不同因素与公益营销未来资金投入的相关性分析

维度	r	P
年龄	0.039	0.180
个人月收入	0.127**	0.000
家庭年收入	0.049	0.088
受教育水平	-.0050	0.084

**.在.01水平(双侧)上显著相关。

3. 公益组织的活动和新闻最受关注

(1) 66.1%的受众关注公益组织发起的活动

目前,以微博、微信、朋友网、QQ空间等为代表的社会化媒体已成为草根达人、明星、公益组织、企业发起公益营销互动活动的首选平台,也是社会受众关注公益营销的首选平台。66.1%的受众会关注公益组织发起的公益营销,46.1%的受众会关注媒体网站发起的公益营销,35.1%的受众会关注政府发起的公益营销,31.8%的受众关注草根发起的公益营销,19.9%的受众关注名人发起的公益营销,12.7%的受众关注企业发起的公益营销,15.6%的受众对以上发起的公益营销都关注。

表 5-8 通过社会化媒体关注公益营销的类型分析

选项内容	选项占比
公益组织	66.1%
媒体网站	46.1%
政府发起	35.1%
草根发起	31.8%
名人发起	19.9%
企业发起	12.7%
以上都有	15.6%
其他	0.1%

(2) 66.2%的受众在社会化媒体上关注公益新闻

社会化媒体对公益营销的传播内容较为丰富,涉及新闻、广告、图片、视频、博文、预告等,这些内容均能够以最快速度更新,甚至成为媒体报道的信息来源。66.2%的受众在社会化媒体上关注公益新闻,64.4%的受众在社会化媒体上关注公益广告,50.5%的受众在社会化媒体上关注公益影像,43.9%的受众在社会化媒体上关注公益活动预告/报名/参与,27.6%的受众在社会化媒体上关注公益博文。

表5-9 通过社会化媒体关注公益营销的内容分析

选项内容	选项占比
公益新闻	66.2%
公益广告	64.4%
公益影像(视频、音频、图片)	50.5%
公益活动预告/报名/参与	43.9%
公益博文	27.6%

(3) 72.4%的受众在社会化媒体上关注过"地球熄灯1小时"

社会化媒体发布的公益营销活动数不胜数,但能够吸引众多受众关注并产生持久影响的公益营销活动较少。"地球熄灯1小时"、"雅安之声"、"红丝带预防艾滋病公益"为社会化媒体上关注的TOP3公益活动。其中,"地球熄灯1小时"由世界自然基金会于2007年向全球发起,2009年进入中国,每年都会吸引众多城市、高校、企业等众多机构发起该主题活动,传播效果较好,截至2013年已有127个城市开展了"地球熄灯一小时"活动。调查显示,72.4%的受众在社会化媒体上关注过"地球熄灯1小时"活动。

表5-10 通过社会化媒体关注过的公益营销活动分析

选项内容	选项占比
地球熄灯1小时	72.4%
雅安之声	56.7%
红丝带预防艾滋病公益	52.0%
感恩节,温暖环卫工人	46.9%
拒吃鱼翅,万人签名	46.2%
关注自闭症儿童	41.5%

续表

选项内容	选项占比
免费午餐	41.1%
北京 7.21 特大暴雨双闪车队守护北京精神	39.5%
微博打拐	38.9%
救助白血病女孩鲁若晴	34.3%
微信传爱心,众人助尿毒症女孩延续生命	33.9%
《天天向上》爱心速递 天天兄弟筹善款	31.2%
爱心包裹微博	30.4%
儿童希望之家	29.8%
十分祝福,十分爱	29.6%
帮山区校长发条爱心微博	26.0%
404 公益页面寻人启事	23.1%
小传旺事件(被高压充气泵击伤)	21.7%
天使之旅,温暖彝良	20.8%
新年新衣	20.7%
其他	0.7%

4. 活动参与便捷性为受众关注的首要因素

虽然关于社会化媒体传播公益营销的影响因素较多,涉及活动意义、感人程度、进展速度、创意、关注度、明星人物宣传、企业家参与等,但参与活动的便捷性、活动意义、互动的感人程度是 TOP3 影响因素,该三大因素的占比均在 37% 以上。

表 5-11 通过社会化媒体关注公益营销的影响因素分析

选项内容	选项占比
参加活动的便捷性	46.2%
活动意义非凡	40.1%
活动的感人程度	37.6%
活动的创意性	27.7%
活动的进展速度	25.7%
官方的号召	20.7%
社会化媒体上关注该活动的总人数	18.9%
我的关注是否可以增加更多网民的关注	17.5%

续表

选项内容	选项占比
明星人物宣传	14.2%
专家学者开展社会呼吁	12.4%
企业家参与	7.6%
其他	0.1%

5. 社会化媒体传播的转化率高且参与人次多

(1) 社会化媒体传播公益营销的转化率为58.4%

在关注公益营销的人群中,64.1%的受众在社会化媒体上关注公益营销,其中,58.4%的受众参与过社会化媒体上相关公益活动,折射出了整个社会化媒体对公益营销行为转化的影响。

表5-12 社会化媒体传播公益营销的转化分析

选项内容	选项占比
参加过	58.4%
没参加过	41.6%

(2) 92.3%的受众参与过两次及以上的社会化媒体公益活动

由于社会化媒体传播公益营销的转化率较高,92.3%的受众参与两次及以上的社会化媒体公益活动,32.2%的受众表示至少参加过5次以上的社会化媒体公益活动。这表明受众对社会化媒体传播公益营销较为认可,愿意将社会化媒体作为日常关注公益营销的信息平台。

表5-13 参加社会化媒体公益活动的次数分析

选项内容	选项占比	X^2	P
1次	7.7%	382.416	0.000
2次	27.7%		
3次	20.9%		
4次	11.4%		
5次及以上	32.2%		

通过对性别、职业、区域、家庭状况和参与社会化媒体公益活动的次数进行卡方检验,不同职业的受众在社会化媒体上关注公益营销的转化率存在显著差异。

表5-14 不同受众群体参与社会化媒体公益营销次数的卡方检验

类别	值	df	渐进 Sig.（双侧）
性别			
Pearson 卡方	2.817a	4	.589
似然比	2.810	4	.590
线性和线性组合	.314	1	.575
有效案例中的 N	2 778		
职业			
Pearson 卡方	76.451a	40	.000
似然比	79.699	40	.000
线性和线性组合	7.939	1	.005
有效案例中的 N	2 778		
区域			
Pearson 卡方	5.963a	4	.202
似然比	6.185	4	.186
线性和线性组合	3.135	1	.077
有效案例中的 N	2 778		
家庭状况			
Pearson 卡方	29.806a	20	.073
似然比	26.816	20	.141
线性和线性组合	1.114	1	.291
有效案例中的 N	2 778		

从职业角度看，机关/事业单位干部/公务员、公司/企业领导/管理人员、退休人员、个体劳动者/自由职业者、下岗/失业/无业人员、家庭主妇首选"5次以上"，公司/企业一般职员/职工、学生、教学/科研/医生/律师等专业技术人员首选"2次"，兼职工作者首选"2次"及"5次及以上"。

表5-15 不同职业受众参与社会化媒体公益营销的次数分析

		您参加过几次社会化媒体上的公益活动?				
		1次	2次	3次	4次	5次及以上
请问您的职业是？	机关/事业单位干部/公务员	5.1%	20.2%	18.2%	10.1%	46.5%
	公司/企业领导/管理人员	5.3%	19.5%	20.9%	15.2%	39.1%
	公司/企业一般职员/职工	9.2%	33.7%	23.3%	9.4%	24.5%
	教学/科研/医生/律师等专业技术人员	10.0%	30.0%	15.6%	13.1%	31.3%

续表

	您参加过几次社会化媒体上的公益活动?				
	1次	2次	3次	4次	5次及以上
学生	15.0%	40.0%	10.0%	7.5%	27.5%
个体劳动者/自由职业者	5.2%	27.6%	25.9%	8.6%	32.8%
家庭主妇	8.3%	25.0%	16.7%	16.7%	33.3%
下岗/失业/无业人员	8.3%	33.3%	25.0%	8.3%	25.0%
退休人员	3.3%	26.7%	23.3%	13.3%	33.3%
农民/工人/服务人员	2.5%	25.0%	20.0%	17.5%	42.5%
兼职工作	0.0%	31.3%	25.0%	18.8%	31.3%
合计	7.7%	27.7%	20.9%	11.4%	32.2%

通过对年龄、个人月收入、家庭年收入、受教育水平和受众参与社会化媒体公益活动的次数进行相关性分析,结果表明:受众参与社会化媒体公益活动的次数和年龄、个人月收入、家庭年收入呈现显著正相关,随着年龄、收入的增加,受众参与社会化媒体公益活动的次数也会增加。

表5-16 不同因素与参与社会化媒体公益活动次数的相关性

维度	r	P
年龄	0.096**	.001
个人月收入	0.136**	.000
家庭年收入	0.095**	.001
受教育水平	0.013	.667

**. 在.01水平(双侧)上显著相关。

(3) 45.3%的受众线上线下都参与社会化媒体公益活动

目前,受众在社会化媒体上参与公益活动的方式较为多样,既可以在线参与,诸如转发、发表评论、网上捐款、网上报名等,也可参与线下活动现场。调查显示,42.1%的用户通过线上方式参与公益营销,12.5%的用通过线下参与,45.3%的受众线上线下都参与。

表5-17 参加社会化媒体公益活动的方式分析

选项内容	选项占比	X^2	P
网上参与(如网上捐款、网络呼吁)	42.1%	216.005	0.000
线下参与(到活动现场去)	12.5%		
网上和线下都参与	45.3%		

通过对性别、职业、区域、家庭状况、年龄、月收入、家庭年收入、受教育水平和参与社会化媒体公益活动的方式进行卡方检验，不同职业、不同区域、不同年龄、不同月收入、不同家庭年收入的受众参与社会化媒体公益活动的方式存在显著性差异。

表 5-18　不同受众群体参与社会化媒体公益活动方式的卡方检验

维度	值	df	渐进 Sig.（双侧）
性别			
Pearson 卡方	1.957[a]	2	.376
似然比	1.956	2	.376
线性和线性组合	1.884	1	.170
有效案例中的 N	2 778		
职业			
Pearson 卡方	34.152[a]	20	.025
似然比	34.530	20	.023
线性和线性组合	3.019	1	.082
有效案例中的 N	2 778		
区域			
Pearson 卡方	6.224[a]	2	.045
似然比	5.803	2	.055
线性和线性组合	1.572	1	.210
有效案例中的 N	2 778		
家庭状况			
Pearson 卡方	10.463[a]	10	.401
似然比	11.083	10	.351
线性和线性组合	.443	1	.506
有效案例中的 N	2 778		
年龄			
Pearson 卡方	31.877[a]	10	.000
似然比	30.303	10	.001
线性和线性组合	15.762	1	.000
有效案例中的 N	2 778		
月收入			
Pearson 卡方	18.866[a]	10	.042
似然比	18.300	10	.050

续表

维度	值	df	渐进 Sig.（双侧）
线性和线性组合	.120	1	.729
有效案例中的 N	2 778		
家庭年收入			
Pearson 卡方	35.748[a]	18	.008
似然比	35.541	18	.008
线性和线性组合	.556	1	.456
有效案例中的 N	2 778		
受教育水平			
Pearson 卡方	10.536[a]	8	.229
似然比	10.459	8	.234
线性和线性组合	2.041	1	.153
有效案例中的 N	2 778		

从职业角度看，学生、公司/企业一般职员/职工、个体劳动者/自由职业者首选"网上参与(如网上捐款、网络呼吁)"，机关/事业单位干部/公务员、公司/企业领导/管理人员、教学/科研/医生/律师等专业技术人员、家庭主妇、兼职人员、农民/工人/服务人员首选"网上和线下都参与"。

表 5-19 不同职业受众参与社会化媒体公益活动的方式分析

		社会化媒体上的公益活动，您是以什么方式参加的？		
		网上参与(如网上捐款、网络呼吁)	线下参与(到活动现场去)	网上和线下都参与
请问您的职业是？	机关/事业单位干部/公务员	30.3%	13.1%	56.6%
	公司/企业领导/管理人员	37.1%	10.6%	52.3%
	公司/企业一般职员/职工	49.3%	12.1%	38.6%
	教学/科研/医生/律师等专业技术人员	38.8%	14.4%	46.9%
	学生	50.0%	20.0%	30.0%
	个体劳动者/自由职业者	48.3%	10.3%	41.4%
	家庭主妇	33.3%	25.0%	41.7%
	下岗/失业/无业人员	25.0%	25.0%	50.0%
	退休人员	33.3%	20.0%	46.7%
	农民/工人/服务人员	37.5%	20.0%	42.5%
	兼职工作	31.3%	25.0%	43.8%
合计		42.1%	12.5%	45.3%

从区域角度看,城市受众选择"网上参与(如网上捐款、网络呼吁)"的占比要比农村受众高11.4%,选择"网上和线下都参与"的占比要比农村受众低2.8%。

表5-20 不同区域受众参与社会化媒体公益活动的方式分析

		社会化媒体上的公益活动,您是以什么方式参加的?		
		网上参与(如网上捐款、网络呼吁)	线下参与(到活动现场去)	网上和线下都参与
您居住的地区是?	城市	42.9%	12.0%	45.1%
	农村	31.5%	20.5%	47.9%
合计		42.1%	12.5%	45.3%

从年龄角度看,29岁以下的受众以"网上参与(如网上捐款、网络呼吁)"居多,其中,20岁及以下的受众通过网上参与公益营销的比例高达60%;30岁及以上的受众以"线下参与(到活动现场去)"居多,且随着的年龄的增加,在线下参与公益营销活动的受众比例呈现增长趋势。

表5-21 不同年龄受众参与社会化媒体公益活动的方式分析

		社会化媒体上的公益活动,您是以什么方式参加的?		
		网上参与(如网上捐款、网络呼吁)	线下参与(到活动现场去)	网上和线下都参与
请问您的年龄是?	20岁及以下	60.0%	20.0%	20.0%
	20—29岁	49.6%	37.7%	12.7%
	30—39岁	38.9%	49.7%	11.4%
	40—49岁	37.6%	51.6%	10.8%
	50—59岁	22.0%	58.8%	19.3%
	60岁及以上	33.3%	50.0%	16.7%
合计		42.1%	12.5%	45.3%

从月收入角度看,每月收入为8 001—10 000元的受众选择"网上和线下都参与"比例最高,为51.6%。

表 5-22　不同月收入受众参与社会化媒体公益活动的方式分析

		社会化媒体上的公益活动,您是以什么方式参加的?		
		网上参与(如网上捐款、网络呼吁)	线下参与(到活动现场去)	网上和线下都参与
请问您的月收入水平?	1 500 元以下	30.6%	22.4%	46.9%
	1 501—3 000 元	36.6%	15.6%	47.8%
	3 001—6 000 元	43.8%	13.3%	42.9%
	6 001—8 000 元	50.2%	9.4%	40.4%
	8 001—10 000 元	38.5%	9.9%	51.6%
	10 000 元以上	42.3%	11.4%	46.3%
合计		42.1%	12.5%	45.3%

从家庭年收入角度看,年收入为 2 万—4 万、4 万—6 万、14 万—16 万、16 万—18 万、18 万以上的受众首选"网上和线下都参与",年收入为 2 万以下、6 万—8 万、8 万—10 万、10 万—12 万的受众首选"网上参与(如网上捐款、网络呼吁)"。

表 5-23　不同家庭年收入受众参与社会化媒体公益活动的方式分析

		社会化媒体上的公益活动,您是以什么方式参加的?		
		网上参与(如网上捐款、网络呼吁)	线下参与(到活动现场去)	网上和线下都参与
请问您的家庭年收入是?	2 万元以下	43.8%	15.6%	40.6%
	2 万—4 万元(包含 4 万元整)	32.1%	12.3%	55.7%
	4 万—6 万元(包含 6 万元整)	36.4%	19.6%	44.0%
	6 万—8 万元(包含 8 万元整)	46.3%	13.2%	40.4%
	8 万—10 万元(包含 10 万元整)	53.2%	10.9%	35.9%
	10 万—12 万元(包含 12 万元整)	50.0%	11.5%	38.5%
	12 万—14 万元(包含 14 万元整)	44.2%	11.6%	44.2%
	14 万—16 万元(包含 16 万元整)	41.1%	7.8%	51.1%
	16 万—18 万元(包含 18 万元整)	44.1%	6.5%	49.5%
	18 万元以上	33.6%	12.2%	54.2%
合计		42.1%	12.5%	45.3%

第二节 社会化媒体公益营销传播的态度研究

随着自媒体时代的到来,受众在社会化媒体平台上对公益营销持续关注,从某种程度反映了受众对社会化媒体传播公益营销作用的肯定,但由于公益营销信息审核不完善,存在部分虚假信息,导致受众对其内容的信任度下降。

1. 社会化媒体受众对公益关注度保持稳定

随着以微公益为代表的社会化媒体公益营销兴起,受众在社会化媒体上对公益营销的关注度越来越高,73.0%的受众表示在社会化媒体上会持续关注公益营销,22.5%的受众表示在社会化媒体上对公益营销的关注度会加强。

表 5-24 社会化媒体传播公益营销的关注度变化分析

选项内容	选项占比	X^2	P
关注度不断加强	22.5%	2 328.597	0.000
持续关注	73.0%		
关注度正在减弱	3.2%		
不太关注	1.2%		
完全不关注	0.1%		

通过对性别、职业、区域、家庭状况和受众在社会化媒体上对公益营销的关注度变化进行卡方检验,不同职业、不同家庭状况的受众在社会化媒体上对公益营销的关注度变化存在显著差异。

表 5-25 不同受众群体关注社会化媒体公益营销的卡方检验

类别	值	df	渐进 Sig. (双侧)
性别			
Pearson 卡方	9.301ª	4	.054
似然比	9.500	4	.050
线性和线性组合	2.775	1	.096
有效案例中的 N	3 023		

续表

类别	值	df	渐进 Sig.（双侧）
职业			
Pearson 卡方	80.990[a]	44	.001
似然比	54.025	44	.143
线性和线性组合	2.153	1	.142
有效案例中的 N	3 023		
区域			
Pearson 卡方	3.091[a]	4	.543
似然比	2.989	4	.560
线性和线性组合	1.827	1	.177
有效案例中的 N	3 023		
家庭状况			
Pearson 卡方	34.440[a]	20	.023
似然比	30.715	20	.059
线性和线性组合	5.583	1	.018
有效案例中的 N	3 023		

从职业角度看，不同职业的受众均首选"持续关注"。其中，个体劳动者/自由职业者选择"持续关注"的比例最高，为81.0%；学生选择"持续关注"的比例最低，为62.0%。

表5-26　不同职业受众在社会化媒体上对公益营销的关注度变化分析

		近一年里，您在社会化媒体上对公益的关注度变化如何？				
		关注度不断加强	持续关注	关注度正在减弱	不太关注	完全不关注
请问您的职业是？	机关/事业单位干部/公务员	24.3%	70.9%	1.9%	1.9%	1.0%
	公司/企业领导/管理人员	28.4%	68.3%	2.1%	1.2%	0.0%
	公司/企业一般职员/职工	18.3%	77.4%	3.2%	1.1%	0.0%
	教学/科研/医生/律师等专业技术人员	23.6%	73.6%	2.9%	0.0%	0.0%
	学生	20.0%	62.0%	12.0%	6.0%	0.0%
	个体劳动者/自由职业者	17.5%	81.0%	1.6%	0.0%	0.0%
	家庭主妇	25.0%	66.7%	8.3%	0.0%	0.0%

续表

		近一年里,您在社会化媒体上对公益的关注度变化如何?				
		关注度 不断加强	持续 关注	关注度 正在减弱	不太 关注	完全 不关注
请问您的职业是?	下岗/失业/无业人员	16.7%	75.0%	8.3%	0.0%	0.0%
	退休人员	20.0%	73.3%	6.7%	0.0%	0.0%
	农民/工人/服务人员	17.5%	77.5%	5.0%	0.0%	0.0%
	兼职工作	25.0%	62.5%	6.3%	0.0%	0.0%
	其他	33.3%	66.7%	0.0%	0.0%	0.0%
合计		22.5%	73.0%	3.2%	1.2%	0.1%

从家庭状况角度看,不同家庭状况的受众均首选"持续关注",占比均在70%左右。除一人独居的家庭外,其他家庭类型的受众选择"关注度不断加强"的比例均在20%以上。

表5-27 不同家庭状况受众在社会化媒体上对公益营销的关注度变化分析

		近一年里,您在社会化媒体上对公益的关注度变化如何?				
		关注度 不断加强	持续 关注	关注度 正在减弱	不太 关注	完全 不关注
请问您的家庭状况是?	一人独居	10.9%	74.5%	12.7%	1.8%	0.0%
	二人世界	21.6%	71.2%	5.0%	2.2%	0.0%
	三口之家	23.2%	73.1%	2.2%	1.4%	0.1%
	三代同堂	24.2%	73.4%	2.4%	0.0%	0.0%
	亲戚合住	33.3%	66.7%	4.2%	0.0%	0.0%
	朋友合住	21.6%	74.5%	3.9%	0.0%	0.0%
合计		22.5%	73.0%	3.2%	1.2%	0.1%

通过对年龄、个人月收入、家庭年收入、受教育水平和受众在社会化媒体上对公益营销的关注度变化进行相关性分析,结果表明:个人月收入、家庭年收入和受众在社会化媒体上对公益营销的关注度变化呈现显著正相关,随着收入的增加,受众在社会化媒体上对公益营销的关注度也会提高。

表 5-28　不同因素与社会化媒体传播公益营销的关注度分析

维度	r	P
年龄	0.008	0.794
个人月收入	0.118**	0.000
家庭年收入	0.082**	0.004
受教育水平	0.030	0.294

**. 在 .01 水平(双侧)上显著相关。

2. 社会化媒体公益传播的公信力受到挑战

自媒体时代的到来,人人都可以传播公益营销信息,由于一些虚假信息的发布和公益活动的不透明,受众对社会媒体公益营销信息的可信度也随之下降。目前,只有 14.7% 的受众表示完全相信社会化媒体传播的公益营销信息。

表 5-29　社会化媒体传播公益营销的可信度分析

选项内容	选项占比	X^2	P
完全相信	14.7%	2 079.788	0.000
比较相信	71.1%		
一般	12.7%		
不是很相信	1.2%		
完全不相信	0.2%		

通过对性别、职业、区域、家庭状况和受众对社会化媒体传播公益营销的可信度进行卡方检验,不同职业、不同区域的受众对社会化媒体传播公益营销的可信度存在显著差异。

表 5-30　不同受众群体对社会化媒体公益营销可信度的卡方检验

类别	值	df	渐进 Sig.（双侧）
性别			
Pearson 卡方	8.549[a]	4	.073
似然比	9.107	4	.058
线性和线性组合	.733	1	.392
有效案例中的 N	3 023		

续表

类别	值	df	渐进 Sig.（双侧）
职业			
Pearson 卡方	163.785a	44	.000
似然比	56.538	44	.097
线性和线性组合	1.682	1	.195
有效案例中的 N	3 023		
区域			
Pearson 卡方	25.040a	4	.000
似然比	18.772	4	.001
线性和线性组合	14.801	1	.000
有效案例中的 N	3 023		
家庭状况			
Pearson 卡方	26.041a	20	.164
似然比	22.281	20	.325
线性和线性组合	1.403	1	.236
有效案例中的 N	3 023		

从职业角度看，不同职业的受众均首选"比较相信"，占比均在60%以上。其中，机关/事业单位干部/公务员、公司/企业领导/管理人员、公司/企业一般职员/职工、学生、退休人员、农民/工人/服务人员选择"比较相信"的占比在70%以上。

表 5-31 不同职业受众对社会化媒体传播公益营销可信度的差异性分析

		通过社会化媒体传播的公益信息，您是否相信？				
		完全相信	比较相信	一般	不是很相信	完全不相信
请问您的职业是？	机关/事业单位干部/公务员	14.6%	74.8%	9.7%	1.0%	0.0%
	公司/企业领导/管理人员	16.9%	73.4%	7.9%	1.8%	0.0%
	公司/企业一般职员/职工	12.4%	71.8%	14.7%	0.9%	0.2%
	教学/科研/医生/律师等专业技术人员	14.9%	64.9%	19.5%	0.6%	0.0%
	学生	10.0%	72.0%	14.0%	4.0%	0.0%
	个体劳动者/自由职业者	27.0%	61.9%	9.5%	1.6%	0.0%

续表

	通过社会化媒体传播的公益信息,您是否相信?				
	完全相信	比较相信	一般	不是很相信	完全不相信
家庭主妇	16.7%	75.0%	8.3%	0.0%	0.0%
下岗/失业/无业人员	16.7%	66.7%	16.7%	0.0%	0.0%
退休人员	13.3%	73.3%	13.3%	0.0%	0.0%
农民/工人/服务人员	10.0%	77.5%	12.5%	0.0%	0.0%
兼职工作	18.8%	62.5%	12.5%	0.0%	0.0%
其他	33.3%	66.7%	0.0%	0.0%	0.0%
合计	14.7%	71.1%	12.7%	1.2%	0.2%

从区域角度看,城市受众和农村受众均首选"比较相信"。其中,城市受众选择"比较相信"的比例要比农村受众高 11.0%。

表 5-32　不同区域受众对社会化媒体传播公益营销可信度的差异性分析

		通过社会化媒体传播的公益信息,您是否相信?				
		完全相信	比较相信	一般	不是很相信	完全不相信
您居住的地区是?	城市	15.2%	71.9%	11.6%	1.2%	0.1%
	农村	9.2%	60.9%	27.6%	1.1%	1.1%
合计		14.7%	71.1%	12.7%	1.2%	0.2%

通过对年龄、个人月收入、家庭年收入、受教育水平和受众对社会化媒体传播公益营销的可信度进行相关性分析,结果表明:个人月收入、家庭年收入和受众对社会化媒体传播公益营销的可信度呈现显著正相关,随着月收入和家庭年收入的增加,受众在社会化媒体上对公益营销的可信度也会提高。

表 5-33　不同因素与社会化媒体传播公益营销可信度的相关性分析

维度	r	P
年龄	−0.040	0.164
个人月收入	0.142**	0.000
家庭年收入	0.086**	0.003
受教育水平	0.045	0.118

**．在.01 水平(双侧)上显著相关。

关于不完全相信社会化媒体传播公益营销的原因,71.8%的受众选择"对捐献的财物流向不是很清楚",49.2%的受众选择"无法保证公益活动的真伪",48.1%的受众选择"公益活动信息及受助对象不是很明确",33.7%的受众选择"网络是虚拟的,对网上的信息都表示怀疑",28.9%的受众选择"对发起人的慈善动机表示怀疑"。

表 5-34　不完全相信社会化媒体传播公益营销的原因分析

选项内容	选项占比
无法保证公益活动的真伪	49.2%
网络是虚拟的,对网上的信息都表示怀疑	33.7%
对于捐献的财物流向不是很清楚	71.8%
对发起人的慈善动机表示怀疑	28.9%
公益活动信息及受助对象不是很明确	48.1%
其他	0.2%

3. 社会化媒体有效扩大公益行动参与规模

社会化媒体传播公益行动的作用越来越凸显,诸如让更多的人群了解公益、让更多的人参与公益、引导人们的观念更新、改变人们的不良行为习惯和社会风气、让需要得到帮助的人得到帮助等。其中,受众认为让更多的人参与公益的作用最明显,占比 37.9%。以新浪微博的爱心达人刚子为例,截至 2014 年 3 月 26 日,刚子在新浪微博上分享了 1 066 次公益微博,共计被阅读了 1 298 万次,997 万人在他的影响下开始关注公益。可见,微博对公益营销广而告之的作用非常显著。

表 5-35　社会化媒体传播公益营销的作用分析

选项内容	选项占比	X^2	P
让更多的人群了解公益	29.8%	406.248	0.000
让更多的人参与公益	37.9%		
引导人们的观念更新	10.2%		
改变人们的不良行为习惯和社会风气	10.3%		
让需要得到帮助的人得到帮助	11.8%		

通过对性别、个人月收入、家庭年收入、受教育水平和社会化媒体传播公益营销的作用进行相关性分析,结果表明:性别、区域、家庭年收入、受教育水平与社会化媒体传播公益营销的作用存在显著差异。

表 5-36 不同受众群体关于社会化媒体传播公益营销作用的卡方检验

类别	值	df	渐进 Sig.(双侧)
性别			
Pearson 卡方	11.948[a]	4	.018
似然比	11.724	4	.020
线性和线性组合	6.866	1	.009
有效案例中的 N	3 023		
职业			
Pearson 卡方	48.549[a]	44	.295
似然比	52.790	44	.171
线性和线性组合	.001	1	.975
有效案例中的 N	3 023		
区域			
Pearson 卡方	16.395[a]	4	.003
似然比	13.031	4	.011
线性和线性组合	2.098	1	.148
有效案例中的 N	3 023		
家庭状况			
Pearson 卡方	27.075[a]	20	.133
似然比	25.793	20	.173
线性和线性组合	6.757	1	.009
有效案例中的 N	3 023		
年龄			
Pearson 卡方	29.006[a]	20	.088
似然比	30.093	20	.068
线性和线性组合	6.655	1	.010
有效案例中的 N	3 023		
月收入			
Pearson 卡方	25.868[a]	20	.170
似然比	27.028	20	.134
线性和线性组合	7.208	1	.007

续表

类别	值	df	渐进 Sig.（双侧）
有效案例中的 N	3 023		
家庭年收入			
Pearson 卡方	55.847[a]	36	.019
似然比	56.635	36	.016
线性和线性组合	4.946	1	.026
有效案例中的 N	3 023		
受教育水平			
Pearson 卡方	33.135[a]	16	.007
似然比	33.090	16	.007
线性和线性组合	5.028	1	.025
有效案例中的 N	3 023		

从性别角度看，关于社会化媒体传播公益营销的作用，男性受众和女性受众均首选"让更多的人参与公益"。其中，男性受众选择"让更多的人参与公益"的比例要比女性受众低 0.5%，而男性受众选择"让更多的人群了解公益"的比例要比女性受众高 5.0%。

表 5-37　不同性别受众与社会化媒体传播公益营销作用的差异性分析

		请问您认为社会化媒体对公益传播的作用哪个最为明显？				
		让更多的人群了解公益	让更多的人参与公益	引导人们的观念更新	改变人们的不良行为习惯和社会风气	让需要得到帮助的人得到帮助
请问您的性别是？	男	31.7%	37.7%	10.3%	10.8%	9.5%
	女	26.7%	38.2%	10.0%	9.5%	15.6%
合计		29.8%	37.9%	10.2%	10.3%	11.8%

从区域角度看，关于社会化媒体传播公益营销的作用，城市受众选择"让更多的人群了解公益"和"让更多的人参与公益"的比例均高于农村受众，合计占比达 68.2%，农村受众选择"改变人们的不良行为习惯和社会风气"的比例要高一些。

表 5-38 不同区域受众与社会化媒体传播公益营销作用的差异性分析

		请问您认为社会化媒体对公益传播的作用哪个最为明显?				
		让更多的人群了解公益	让更多的人参与公益	引导人们的观念更新	改变人们的不良行为习惯和社会风气	让需要得到帮助的人得到帮助
您居住的地区是?	城市	30.1%	38.1%	10.3%	9.4%	12.0%
	农村	25.3%	34.5%	8.0%	23.0%	9.2%
合计		29.8%	37.9%	10.2%	10.3%	11.8%

从家庭年收入角度看,关于社会化媒体传播公益营销的作用,随着收入的增加,受众选择"让更多的人参与公益"的比例基本呈现增加趋势,选择"改变人们的不良行为习惯和社会风气"的比例总体呈现下降趋势。

表 5-39 不同家庭年收入受众与社会化媒体传播公益营销作用的差异性分析

		请问您认为社会化媒体对公益传播的作用哪个最为明显?				
		让更多的人群了解公益	让更多的人参与公益	引导人们的观念更新	改变人们的不良行为习惯和社会风气	让需要得到帮助的人得到帮助
请问您的家庭年收入是?	2万元以下	30.0%	32.5%	12.5%	10.0%	15.0%
	2万—4万元(包含4万元整)	37.4%	26.8%	15.4%	11.4%	8.9%
	4万—6万元(包含4万元整)	22.8%	39.1%	9.4%	14.4%	14.4%
	6万—8万元(包含6万元整)	23.7%	37.8%	7.7%	16.7%	14.1%
	8万—10万元(包含10万元整)	30.4%	40.4%	11.1%	7.6%	10.5%
	10万—12万元(包含12万元整)	32.9%	41.2%	4.7%	8.2%	12.9%
	12万—14万元(包含14万元整)	24.5%	43.9%	14.3%	8.2%	9.2%
	14万—16万元(包含16万元整)	41.1%	36.8%	7.4%	8.5%	6.3%
	16万—18万元(包含18万元整)	34.3%	41.4%	5.1%	8.1%	11.1%
	18万以上(包含18万元整)	30.0%	36.4%	13.6%	5.7%	14.3%
合计		29.8%	37.9%	10.2%	10.3%	11.8%

从受教育水平角度看,关于社会化媒体传播公益营销的作用,不同学历的

受众均首选"让更多的人群了解公益"。其中,初中及以下学历的受众选择"让更多的人参与公益"占比最高,为 44.4%。

表 5-40 不同受教育水平受众与社会化媒体传播公益营销作用的差异性分析

		请问您认为社会化媒体对公益传播的作用哪个最为明显?				
		让更多的人群了解公益	让更多的人参与公益	引导人们的观念更新	改变人们的不良行为习惯和社会风气	让需要得到帮助的人得到帮助
请问您的受教育水平?	初中及以下	22.2%	44.4%	11.1%	11.1%	11.1%
	高中/中专/职高	26.1%	40.2%	4.3%	17.4%	12.0%
	大专	22.8%	36.5%	10.2%	15.7%	14.7%
	大学本科	31.0%	37.9%	11.1%	8.6%	11.4%
	研究生及以上	33.6%	39.7%	8.6%	7.8%	10.3%
合计		29.8%	37.9%	10.2%	10.3%	11.8%

4. 淘宝支付成为最受欢迎的捐助方式

随着网络技术的开发和应用,公益营销的传播也不断创新,先后出现了二维码扫描、淘宝支付、404 页面显示、相关手机客户端软件等创新。其中,淘宝支付创新最受欢迎,占比达 66.3%。有关数据显示,2012 年支付宝 e 公益平台承载善款总额 3 522.1 万元,比 2011 年增长 70%至 80%。①

表 5-41 社会化媒体传播公益营销的创新受欢迎度分析

选项内容	选项占比
二维码扫描支付	31.9%
淘宝支付	66.3%
404 页面显示公益信息	22.5%
微信支付	35.3%
开发相关手机软件及客户端	33.3%
其他,请注明	0.5%

---

① 数据来源:http://crm.foundationcenter.org.cn/html/2013-10/711.html。

第三节　社会化媒体公益营销的 O2O 发展

如果说社会化媒体为公益营销的传播带来人流，O2O 的发展则让受众对公益营销有了切身体会，而这种感受是社会化媒体无法直接给予受众的。因此，大多数公益营销活动均会线上线下同时开展。同时，受众将线下信息同步在社会化媒体上，在潜移默化中增加了受众对社会化媒体的黏性，并延伸出了微博直播、活动信息发布等功能，促使了社会化媒体由信息公告型向信息平台型的转变。

1. 社会化媒体公益营销传播的 O2O 起源及定位

O2O 最早起源于团购，将线上用户引导到线下店面购物，让互联网成为线下交易的前台。早期的公益营销活动以线下开展为主，随着社会化媒体的人气高涨，公益营销活动开始借助微博、社交网站、博客、论坛、电商等平台寻找到公益目标群体，但能否为受助对象解决实际问题，还需要受众参与到线下活动，通过接受培训、支教、拼车回家、绿化环境等具体行为解决问题。因此，所谓社会化媒体公益营销传播的 O2O 模式是指将线上的公益人群引导到活动现场，让社会化媒体成为公益活动的前台，通过在社会化媒体线上发布信息寻找公益目标人群，通过线下参与帮助受助对象，解决实际问题。

2. 社会化媒体传播公益营销的 O2O 模式

按照社会化媒体的作用可将社会化媒体传播公益营销的 O2O 模式分为信息公告型和平台型。

信息公告型：第三方组织将公益活动发布到社交媒体平台后，受众通过线上报名参与或自发参与线下活动，通过社会化媒体记录活动中的所见所闻，受众不仅能够参与到具体的公益营销中，还能够主动寻找受助对象并发布信息，提升了受众参与公益营销的主动性。以下将通过"狗狗微博大营救"和"帮山区校长发条微博"进行具体阐述。

2011年4月15日,彭先生搭乘朋友的车经渝遂高速返回重庆的路上发现一辆装满小狗的货车,车上装载的铁笼只有一个中等纸箱大,里面至少挤了四五条小狗在痛苦地吠叫,根据多年养狗经验,彭先生判断一些小狗应该已经死亡,一些小狗疑似患上犬瘟。为此,身为重庆小动物保护协会义工的彭先生先与协会取得联系,并进行微博直播。他的担心在高速执法大队的拦截下得到了印证,整部车共计有800多只狗,这成为中国史上最大的一次非法贩运犬事件。而在微博平台上,阿靓、脚板娃、朱丽馨Julie、Tony犁、穿越寒冬狂想曲、影影影子子子等用户纷纷发表评论,并自发组织到现场解救受伤动物,发布最新解救动态和寻求解决困难的办法。同时,一位刘女士在看到微博信息之后,发动自己的家人参与到狗狗营救及治疗的活动中。

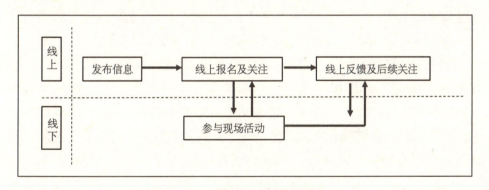

图 5-1 微博狗狗营救传播模式

  2011年十一期间,新浪微博发起了"帮山区校长发条爱心微博——带着任务去旅行"活动。活动期间,千万名网友在旅行途中将需要帮助的学校信息拍下照片发微博,截至10月10日共收到网友及学校负责人发来的有效需求信息32条,所需物资集中在冬装、文具以及适合中小学生阅读的书籍。同时,在线下举办了23次活动,将大量物资送到有需求的学校。

  信息平台型:第三方组织在社会化媒体上发布活动号召,无需提供受助对象的具体个案信息,而是为受助需求者和提供帮助的人搭建沟通平台和活动开展执行方案。在该类活动中,社会化媒体不仅是受助提供者参与的平台,也是受助需求方发出声音的平台。可以说,社会化媒体对公益营销传播的影响在不断加深,不仅能够锁定参与公益活动的目标群体,也能够锁定需要帮助的

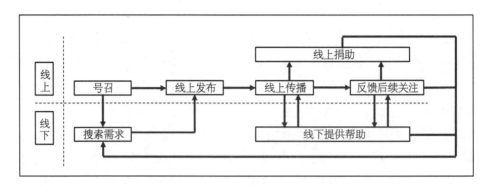

图 5-2 帮山区校长发条微博传播模式

人群。受众对公益的认识也在加深,公益不再局限于支教、捐款、关注弱势群体等传统的主题,也许身边的人就需要帮助。以"春节回家顺风车"活动为例,该活动由陈伟鸿、朗永淳、赵普、邓飞、崔永元、王永于 2012 年发起,组织方提供了顺风车信息发布的平台(网站、微博、微信、短信、电话)、方法、搭载协议、APP 客户端、费用分担参考、交通保险服务等一系列活动政策,车主和没有买到回家票的人可在以上各个平台搜索路线并报名参加。同时,志愿者们在线下开展了行车安全资料发放、微电影制作、帮助留守儿童实现和父母的团聚等活动。2014 年顺风车活动于 1 月 16 日启动,截至 1 月 27 日 18:00,报名人数达 36 294 人,成功匹配 11 438 人,其中为 535 名留守儿童父母找到了回家的顺风车。

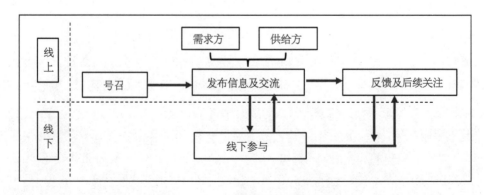

图 5-3 春节回家顺风车传播模式

3. 社会化媒体传播公益营销的 O2O 发展现状

随着网络公益的发展,我国公益营销传播以线下举办为主转变为线上线下均开展居多。以人民网评选的 2012 年微公益案例为例,从表 5-42 中可以看出,多数公益活动均以线上线下共参与的方式开展,纯线上公益活动和纯线下公益活动较少。其中,线上参与涉及腾讯微博、新浪微博、淘宝/天猫、微信、人人网等主流社会化媒体。可见,线上线下共同参与已成为当前公益营销开展的主要方式,而社会化媒体已成为公益营销线上活动开展的主要阵地。

表 5-42 人民网 2012 年微公益评选案例参与方式

公益营销活动	线上	线下
爱心包裹微博传播	√	√
天使之旅,温暖彝良	√	√
新年新衣	√	√
我承诺我做到	√	√
青少年交通安全教育项目	√	√
社区暖洋洋,寻找 365 份感动	√	
有求必应	√	
每天走路一小时,找回健康新能量		√
筑梦成真,10 元转发	√	
儿童安全促进活动		√
爱心传递,童乐共享		√
Sunny 中国大学生志愿服务行动	√	√
温暖传递,一爱到底	√	
湖北高速文明交通微博公益,网络传播正能量	√	
方太青竹简国学计划	√	√
金六福春节回家互助联盟	√	√
中国移动爱"心"行动		√
播种全球植物,妆绿我的生活	√	√
爱心传递,温暖白血病女孩	√	

注:√为可参与方式。

第六章 社会化媒体公益营销传播指数研究

第一节 社会化媒体的公益营销传播的提及率

社会化媒体传播公益营销的 TOP10 提及平台分别为新浪微博、QQ 空间、腾讯微博、百度贴吧、人人网、微信受众平台、新浪博客、天涯社区、淘宝/天猫、新浪社区。该十大平台涵盖了微博、社交网站、社区/论坛、移动社交、博客、电子商务等主要社会化媒体类型。其中,微博公益营销提及率最高,新浪、腾讯、网易、搜狐四大微博均进入 TOP15。

表 6-1 社会化媒体传播公益营销的提及率分析

选项内容	分类	提及率
新浪微博	微博	88.7%
QQ 空间	社交网站	79.8%
腾讯微博	微博	72.2%
百度贴吧	论坛	54.9%
人人网	社交网站	53.7%
微信受众平台	移动社交	52.2%
新浪博客	博客	51.0%
天涯社区	论坛	44.3%
淘宝/天猫	电子商务	41.9%
新浪社区	论坛	39.9%
网易微博	微博	35.3%
公益慈善论坛	论坛	33.6%

续表

选项内容	分类	提及率
朋友网	社交网站	32.9%
搜狐微博	微博	30.6%
开心网	社交网站	28.5%
网易社区	论坛	28.4%
网易博客	博客	27.3%
搜狐社区	论坛	26.3%
豆瓣	社交网站	24.2%
中华网论坛	论坛	23.4%
爱心家园论坛	论坛	22.5%
搜狐博客	博客	22.2%
强国论坛	论坛	20.3%
西祠胡同	论坛	19.1%
和讯博客	博客	13.4%
圣诺亚爱心公益论坛	论坛	13.4%
光爱论坛	论坛	12.5%
猫扑社区	论坛	12.2%
21CN社区	论坛	12.2%
自强人公益论坛	论坛	11.9%
陌陌	移动社交	9.9%
蚂蜂窝	在线旅游	7.8%

在微博阵营中,新浪微博人气最旺,微博网民数量占比达57%,公益营销提及率最高,为88.7%,其发起的微公益为2012年新浪微博的第四大热门话题,提及量超过一亿次以上。① 腾讯微博为第二大微博平台,微博用户数量占比为21%,公益营销提及率为72.2%。网易微博用户数量占比为3%,公益营销提及率为35.3%。搜狐微博用户数量占比为6%,公益营销提及率最低,为30.6%。

① 参见 http://news.51zjxm.com/bangdan/20121219/25300.html。

在博客阵营中,新浪博客公益营销提及率最高,为51.0%;其次为网易博客和搜狐博客,公益营销提及率分别为27.3%和22.2%;和讯博客公益营销提及率较低,仅为13.4%。

在论坛阵营中,百度贴吧公益营销提及率位居第一位,公益营销提及率为54.7%;其次是天涯社区和新浪社区,公益营销提及率分别为44.3%和39.3%;以公益营销为主题的公益慈善论坛位居第四位,公益营销提及率为33.6%。

在社交网站阵营中,QQ空间公益营销提及率最高,为79.8%;其次是人人网,公益营销提及率为53.8%;朋友网和开心网的公益营销提及率较低,分别为32.9%和28.5%。

在移动社交阵营中,微信公益营销提及率最高,为52.2%;陌陌公益营销提及率则偏低,仅为9.9%。

此外,淘宝/天猫公益营销提及率为41.9%,蚂蜂窝公益营销提及率为7.8%。

第二节 社会化媒体的公益营销传播的满意度

社会化媒体传播公益营销满意度最高的TOP10平台分别为新浪微博、QQ空间、腾讯微博、人人网、微信、百度贴吧、新浪博客、天涯社区、淘宝/天猫、新浪社区。整体而言,受众对社会化媒体传播公益营销的满意度不高。其中,受众对人气最高的新浪微博满意度只有5.6分。

表6-2 受众对社会化媒体传播公益营销的满意度分析

选项内容	分类	选项占比
新浪微博	微博	8.4%
QQ空间	社交网站	7.5%
腾讯微博	微博	7.2%
人人网	社交网站	5.6%

续表

选项内容	分类	选项占比
微信受众平台	移动社交	5.4%
百度贴吧	论坛	5.4%
新浪博客	博客	5.4%
天涯社区	论坛	4.8%
淘宝/天猫	电子商务	4.5%
新浪社区	论坛	4.4%
公益慈善论坛	论坛	3.9%
网易微博	微博	3.9%
朋友网	社交网站	3.6%
搜狐微博	微博	3.5%
开心网	社交网站	3.3%
网易社区	论坛	3.2%
网易博客	博客	3.2%
搜狐社区	论坛	3.0%
中华网论坛	论坛	2.7%
爱心家园论坛	论坛	2.7%
豆瓣	社交网站	2.7%
搜狐博客	博客	2.6%
强国论坛	论坛	2.4%
西祠胡同	论坛	2.3%
圣诺亚爱心公益论坛	论坛	1.7%
和讯博客	博客	1.7%
光爱论坛	论坛	1.5%
21CN社区	论坛	1.5%
猫扑社区	论坛	1.5%
自强人公益论坛	论坛	1.5%
陌陌	移动社交	1.2%
蚂蜂窝	在线旅游	0.9%

注：满分为10分。

在微博阵营中,受众对新浪微博传播公益营销的满意度最高,为 8.4 分;其次为腾讯微博,为 7.2 分;受众对网易微博和搜狐微博传播公益营销的满意度偏低,分别为 3.9 和 3.6 分。

在博客阵营中,受众对新浪博客传播公益营销的满意度最高,为 5.4 分;其次为网易博客,为 3.2 分;受众对搜狐博客、和讯博客传播公益营销的满意度均在 3 分以下。

在论坛阵营中,受众对百度贴吧传播公益营销的满意最高,为 5.4 分;其次为天涯社区和新浪社区,受众对其满意分别为 4.8 和 4.4 分;其余论坛的满意度均在 4 分以下。

在社交网站阵营中,受众对 QQ 空间传播公益营销的满意度最高,为 7.5 分;其次是人人网,满意度为 5.6 分;朋友网和 QQ 空间都隶属于腾讯,但受众对朋友网传播公益营销的满意度却不是很理想,仅为 3.6 分。

在移动社交阵营中,受众对微信传播公益营销的满意度最高,为 5.4 分;而受众对陌陌传播公益营销的满意度则比较低。

此外,受众对淘宝/天猫传播公益营销的满意度为 4.5 分。

第三节 社会化媒体的公益营销传播的忠诚度

在传播公益营销方面,受众对社会化媒体传播忠诚度最高的 TOP10 平台分别为新浪微博、QQ 空间、腾讯微博、微信、人人网、百度贴吧、新浪博客、淘宝/天猫、天涯社区、公益慈善论坛。整体而言,受众对社会化媒体传播公益营销的忠诚度不高。

表 6-3 受众对社会化媒体传播公益营销的持续关注度分析

选项内容	类别	选项占比
新浪微博	微博	82.5%
QQ 空间	社交网站	65.0%
腾讯微博	微博	59.3%

续表

选项内容	类别	选项占比
微信受众平台	移动社交	43.4%
人人网	社交网站	40.2%
百度贴吧	论坛	38.3%
新浪博客	博客	37.4%
淘宝/天猫	电子商务	36.0%
天涯社区	论坛	32.1%
公益慈善论坛	论坛	28.8%
新浪社区	论坛	28.4%
网易微博	微博	24.0%
朋友网	社交网站	24.0%
搜狐微博	微博	21.2%
开心网	社交网站	20.1%
爱心家园论坛	论坛	19.1%
网易社区	论坛	18.8%
网易博客	博客	18.2%
豆瓣	社交网站	18.2%
搜狐社区	论坛	17.0%
搜狐博客	博客	16.8%
强国论坛	论坛	16.7%
中华网论坛	论坛	15.0%
西祠胡同	论坛	14.4%
圣诺亚爱心公益论坛	论坛	12.8%
自强人公益论坛	论坛	12.6%
和讯博客	博客	11.4%
21CN社区	论坛	11.0%
猫扑社区	论坛	10.5%
光爱论坛	论坛	10.1%
陌陌	移动社交	8.9%
蚂蜂窝	在线旅游	7.7%

在微博阵营中，受众对新浪微博忠诚度最高，82.5％的受众会继续在新浪微博关注公益营销；其次是腾讯微博，59.3％的受众会继续在腾讯微博关注公益营销。

在博客阵营中，受众对新浪博客忠诚度最高，37.4％的受众会继续在新浪博客上关注公益营销。

在论坛阵营中，受众对百度贴吧的忠诚度最高，38.3％的受众会继续在百度贴吧上关注公益营销；天涯社区为第二大论坛，32.1％的受众会继续在天涯社区关注公益营销；公益慈善论坛位为第三大论坛，28.8％的受众会继续在该论坛关注公益营销。

在社交网站阵营中，受众对QQ空间的忠诚度最高，65.0％的受众会继续在QQ空间关注公益营销；其次为人人网，40.2％的受众会继续在人人网关注公益营销。

在移动社交阵营中，受众对微信的忠诚度最高，43.4％的受众会继续在微信上关注公益营销。

此外，36.0％的受众会继续在淘宝/天猫上关注公益营销。

第四节　社会化媒体的公益营销的口碑传播力

受众对社会化媒体上公益营销的口碑传播TOP10平台分别为QQ空间、新浪微博、人人网、微信、腾讯微博、公益慈善论坛、新浪社区、新浪博客、百度贴吧、淘宝/天猫。整体而言，受众对社会化媒体上公益营销信息的人际传播比较少，29.8％的受众表示均不是通过口碑传播获取社会化媒体。

表6-4　社会化媒体传播公益营销的口碑传播力分析

选项内容	类别	选项占比
QQ空间	社交网站	56.0％
新浪微博	微博	54.8％
人人网	社交网站	40.4％

续表

选项内容	类别	选项占比
微信受众平台	移动社交	38.8%
腾讯微博	微博	37.6%
公益慈善论坛	论坛	37.6%
新浪社区	论坛	34.0%
新浪博客	博客	33.6%
百度贴吧	论坛	33.6%
淘宝/天猫	电子商务	30.0%
天涯社区	论坛	30.0%
爱心家园论坛	论坛	24.8%
网易社区	论坛	22.0%
开心网	社交网站	22.0%
朋友网	社交网站	21.6%
搜狐微博	微博	21.2%
豆瓣	社交网站	18.8%
中华网论坛	论坛	18.4%
强国论坛	论坛	18.4%
网易微博	微博	18.0%
西祠胡同	论坛	18.0%
网易博客	博客	17.6%
圣诺亚爱心公益论坛	论坛	16.4%
搜狐社区	论坛	15.6%
搜狐博客	博客	14.4%
自强人公益论坛	论坛	13.6%
光爱论坛	论坛	13.6%
猫扑社区	论坛	11.6%
21CN社区	论坛	10.4%
和讯博客	博客	10.0%
蚂蜂窝	在线旅游	6.8%
陌陌	移动社交	6.8%
全都不是		29.8%

在微博阵营中,受众对新浪微博上公益营销信息的人际传播最多,54.8%的受众是通过人际传播获知新浪微博上的公益营销信息。

在博客阵营中,受众对博客上公益营销信息的人际传播占比均在40%以下。其中,新浪博客的人际传播占比最高,为33.6%。

在论坛阵营中,受众对论坛上公益营销信息的人际传播占比均在40%以下。其中,公益慈善论坛的人际传播占比最高,达37.6%。

在社交网站阵营中,受众对QQ空间上公益营销信息的人际传播最多,56.0%的受众是通过人际传播获知QQ空间上的公益营销信息。

第五节 社会化媒体的公益营销传播综合评价指数

虽然上文中通过提及率、满意度、忠诚度、口碑传播力对社会化媒体进行评价,但只是折射出了传播规模、满意度、传播影响方面的,还需增加受众对其传播效果的评价才能实现综合评价。

1. 评价体系构建

目前,有关社会化媒体传播公益营销的研究主要集中在传播路径、传播效果、传播作用、案例研究等方面,在对评价体系的研究方面基本没有,但分别围绕社会化媒体和公益营销的评价体系已有一些研究成果。

在社会化媒体评价方面,主要涉及微博影响力、微博用户影响力、论坛质量影响因素、社交网站质量、博客评价等,尚未开展过在公益营销传播方面社会化媒体的整体评价体系研究。刘清、彭赓、王苹(2012)选择了微博数、粉丝数、关注数、被转发微博数、被转发评论数、发出的评论数、收到的评论数七个指标,通过主成分分析法建立了新浪微博影响力的评价公式,发现微博数、被转发微博数、被转发评论数、发出的评论数、收到的评论数为第一主成分,关注数为第二主成分。其中,第一主成分在对新浪微博影响力的评价中权重更大一些。张玥、朱庆华、黄奇(2006)通过四大一级指标和十四个二级指标建立了对博客的评价指标体系。其中,一级指标为博客内容、博客架构、博客互动性、博客影响度。博客内容包括内容真实性、内容原创性、信息内容整理、同步和更新频率四个二级指标；博客架构包括功能、导航分类、信息形式多样性、布局与风格四个二级指标；博客交互性包括用户参与广度、用户参与深度、反馈时效性三个二级指标；博客影响力包括用户访问量、好友总数量、创建者信誉度三个二级指标。采用AHP法计算各个指标的权重，并对"老槐也博客"和"超平的博客"进行实证分析，发现"老槐也博客"的综合评价指数要比"超平的博客"高。王蕾、房俊民(2011)从三个一级指标和二十七个二级指标对网络论坛的质量进行评价。其中，一级指标分别为整体站点层次、板块层次和主题层次；站点层次包括注册人数、访问量、独立访客、独立IP、用户在线时长、用户访问频率、主题数、帖子数、资源数目、更新速度、用户质量、页面设计、检索功能、论坛服务十四个二级指标；板块层次包括板块内主题数、板块内帖子数、更新速度、浏览方式设计、板块分类、审核与推荐服务六个二级指标；主题层次包括查看数、回复数、最后回复时间、主题更新速度、主题内容质量、主题编辑功能、用户感受记录七个二级指标。杨子武(2011)介绍社交网站的发展现状并对其进行质量评价，主要采用了多元回归分析方法，建立一个包括三个一级指标、八个二级指标、二十九个三级指标的社交网站质量评价体系。其中，一级指标为信息质量、系统质量、服务质量；信息质量包括有效性、信息编排两个二级指标，系统质量包括网站外观、网站使用、人际价值三个二级指标，服务质量包括网站信任、在线服务两个二级指标。通过对人人网进行测评，表明人际价值对网站质量影响最大，而信息编排对网站质量的影响较小。

在公益营销评价方面，主要围绕公益项目过程、公益技术应用等方面开展。其中，针对城市文明评价指标体系的研究较多一些。吴建铭(2013)从项目执行过程、服务送达情况、服务送达质量、项目资源利用四个方面进行评估，构建四个一级指标和十一个二级指标的评价体系。

综上，结合社会化媒体和公益营销的研究成果，目前对社会化媒体传播公益营销的评价体系，主要涉及社会化媒体在公益营销的传播规模、传播效果、传播影响力、传播满意度四个方面进行评价。由于微博、论坛、社交网站均有自己的功能差异性，在各大类指标方面只选择共性指标，分为提及率、关注度、可信度、忠诚度、口碑传播、满意度六大指标。

表 6-5　社会化媒体传播公益营销的评价体系

一级指标	二级指标
传播规模	提及率
传播效果	关注度
	可信度
传播影响力	忠诚度
	口碑传播
传播满意度	满意度

本次数据来源与问卷调查,通过交叉分析获得细分指标数据,然后采用主成分分析法对社会化媒体公益营销的传播进行综合指数排名。首先对数据进行 KMO 和 Bartlett 检验,KMO 值为 0.844,相关概率 P 值小于显著性水平。因此,该六个指标适合进行因子分析。

表 6-6　KMO 和 Bartlett 的检验

取样足够度的 Kaiser-Meyer-Olkin 度量		.844
Bartlett 的球形度检验	近似卡方	417.378
	df	15
	Sig.	.000

从公因子方差表中可以看到,采用主成分分析法提取的所有六个特征根,原有变量的所有方差都可以被解释,变量的共同度均为 1。在按照指定提取条件提取特征根时,从表 6-7 中提取数值中可以看出所有变量的绝大多数信息都可以被因子解释,说明变量信息丢失较少。

表 6-7　因子分析共同度

维度	初始	提取
提及率	1.000	0.991
关注度	1.000	0.734
可信度	1.000	0.907
忠诚度	1.000	0.964
口碑传播	1.000	0.910
满意度	1.000	0.987

提取方法:主成分分析。

从因子分析的总方差中可以发现数据的相关性较强,选择第一个因子为主因子即可,该因子能够稀释原有八个变量总方差的91.533%。

表6-8 解释的总方差

成份	初始特征值			提取平方和载入		
	合计	方差的%	累积%	合计	方差的%	累积%
1	5.492	91.533	91.533	5.492	91.533	91.533
2	0.328	5.470	97.003			
3	0.103	1.717	98.720			
4	0.056	0.935	99.654			
5	0.019	0.314	99.969			
6	0.002	0.031	100.000			

提取方法:主成分分析。

从成分矩阵中可以看到八大指标的载荷系都在0.8以上,说明了该第一因子反映了社会化媒体传播公益营销的主要影响因素。

表6-9 因子载荷矩阵 a

指标	成分1
提及率	0.995
满意度	0.993
忠诚度	0.982
口碑传播	0.954
可信度	0.952
关注度	0.857

通过采用回归分法估计因子得分系数,具体得分系数如下:

表6-10 因子得分系数

指标	成分1
提及率	0.181
满意度	0.156
忠诚度	0.173
口碑传播	0.179
可信度	0.174
关注度	0.181

通过归一化处理,可以得到六大指标的权重如下:

表6-11 因子得分归一化系数

一级指标		二级指标	
指标	权重	指标	权重
传播规模	17.4%	提及率	17.4%
传播效果	31.6%	关注度	14.9%
		可信度	16.6%
传播影响力	33.8%	忠诚度	17.1%
		口碑传播	16.6%
传播满意度	17.3%	满意度	17.3%

因此,可以得到社会化媒体传播公益营销的指数公式为:

综合指数=0.174 * 提及率+0.149 * 关注度+0.166 * 可信度+0.171 * 忠诚度+0.166 * 口碑传播+0.173 * 满意度

2. 社会化媒体的公益营销传播综合指数评价

根据计算结果显示,社会化媒体传播公益营销综合指数TOP10平台分别为新浪微博、腾讯微博、QQ空间、人人网、百度贴吧、微信、新浪博客、淘宝/天猫、新浪社区、天涯社区。

表6-12 社会化媒体的公益营销传播综合指数表

社会化媒体	综合指数	排名
新浪微博	74.7	1
腾讯微博	68.1	2
QQ空间	63.4	3
人人网	49.9	4
百度贴吧	49.0	5
微信受众平台	46.3	6
新浪博客	42.5	7

续表

社会化媒体	综合指数	排名
淘宝/天猫	40.0	8
新浪社区	37.1	9
天涯社区	35.3	10
公益慈善论坛	33.8	11
网易微博	30.9	12
朋友网	27.2	13
网易社区	26.7	14
开心网	26.6	15
搜狐微博	25.0	16
搜狐社区	24.2	17
网易博客	23.5	18
豆瓣	22.8	19
搜狐博客	21.8	20
爱心家园论坛	21.4	21
中华网论坛	20.2	22
西祠胡同	18.5	23
强国论坛	18.4	24
圣诺亚爱心公益论坛	14.4	25
和讯博客	13.2	26
自强人公益论坛	13.1	27
21CN社区	12.8	28
猫扑社区	12.4	29
光爱论坛	11.9	30
陌陌	9.9	31
蚂蜂窝	8.7	32

在微博阵营中，新浪微博和腾讯微博分别位居第一位和第二位，网易微博位居第十二位，搜狐微博位居第十六位。整体而言，微博已成为公益营销的首选社交化媒体平台。

在博客阵营中，唯有新浪博客进入 TOP10，网易博客、搜狐博客、和讯博客排名均较靠后，折射出了微博对博客的冲击已成定局。未来，社会化媒体对公益营销的传播将不再是长篇大论式，主要以短、精、简为主的一句话甚至是一个词。

在论坛阵营中，以百度贴吧、新浪社区、天涯社区、搜狐社区、网易社区等为代表的综合性论坛排名比较靠前。综合性论坛以内容多样性、拥有较多的用户主体、具备将非公益群体转为公益关注群体的优势。而在关注公益的论坛阵营中，除公益慈善论坛外，其余专注公益领域的论坛排名都比较靠后，折射出了我国公益类网络论坛影响力有待提高。

在社交网站阵营中，QQ 空间、人人网、开心网在传播公益营销方面排名靠前。由于社交网站私密性强，主要以身边好友为传播对象和信息来源，用户对社交网站的黏性非常高，对公益营销的传播效果仅次于微博。

在移动社交中，微信可谓一枝独秀，在传播公益营销方面位居第六位。由于移动社交结合了社交网站私密性和微博短、精、简的两大优势，未来有望超过社交网站成为第二大类传播公益营销的社会化媒体。

此外，淘宝/天猫已成为受众线上捐助的重要方式，虽然渗透到公益营销方面的时间比较短，但已迅速获得了受众及公益组织的认可并进入 TOP10 平台。

综上而言，社会化媒体 TOP10 平台折射出了当前受众的网络社交使用习惯，公益营销需紧随社会化媒体的步伐开展相关线上活动，实现对受众目标的快速定位。

第七章 社会化媒体的公益营销传播链分析

第一节 社会化媒体公益营销传播链的主要环节

1. 传播模式发展及社会化媒体公益营销传播链

传播学鼻祖、美国学者施拉姆认为,一个完整的传播过程至少要包括传播者(信源)、受众(信宿)和讯息三种要素。讯息通过不同媒介在传播者和受众之间的流动(传播与反馈)就构成了一条传播链。这三种基本要素的不同排列和组合,形成了不同的传播链模式。

从传播学的发展历程来看,信息的传播模式主要分为线性传播、循环互动模式和系统论模式。

第一位提出线性传播模式的是学者拉斯韦尔,他提出传播过程的五种基本要素,即"5W"模式。此外还有香农-韦弗(1949)的数学模式。在这种直线型传播链中,信息的搜集被少数新闻媒体垄断,媒体充当把关人的角色,将信息进行层层把关和过滤,再通过固定传播渠道将编辑好的信息传递给特定受众。这是一个理想化的、单向直线过程,缺少信息的反馈和互动。因此传播者和受众的角色被固定,不能相互发生角色的转换,传播链较短。

循环互动型传播注重的是社会传播的互动性,传播双方都可作为传播行为的主体。奥斯古德(1954)提出了传播的双向互动行为模式(图7-1),在传播活动中,每个人都具有双重行为,既是信息的发送者又是接收者,既编码又译码。

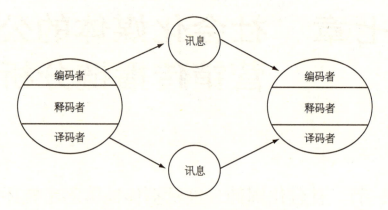

图 7-1 奥斯古德双向互动行为模式

同年,施拉姆也提出了大众传播模式(图 7-2),即传播双方分别是大众传媒与受众,两者之间存在传达与反馈的关系,每个受众都从属于某一个群体,并扮演者译码、释码和编码的角色,将讯息在个人与个人、个人与群体间进行再次传播。

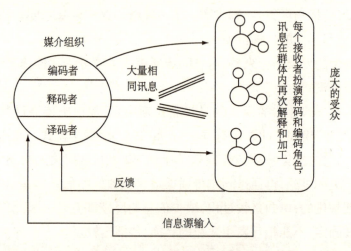

图 7-2 施拉姆大众传播模式

德费勒(1960)的环形传播模式(图 7-3)更准确地揭示了传播互动的特点,还拓展了噪音的概念,他认为噪音对讯息传播链中的任何一个环节都会发生影响。这一模型更广泛地应用于如今的大众传播研究中。

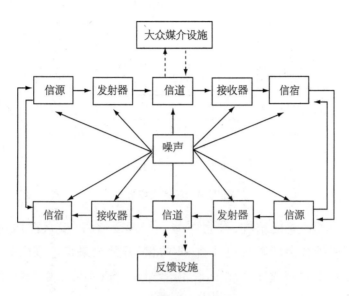

图7-3 德费勒环形传播模式

循环互动型传播模式虽然相对于线性传播模式有所发展,但以上各类模式揭示的还都是微观的、单一的传播过程,缺少对传播过程以外因素的考察,尚无法揭示现代传播的广度和复杂性。

系统论模式综合考虑了社会传播系统的各种类型,包括微观、中观和宏观系统,各类系统既有相对独立性,又与其他系统处于普遍联系和相互作用之中。

赖利夫妇模式(1959)构建了传播系统的多重结构或等级层次结构(图7-4)。在这种模式下,传播者和受众都可以被看作是个体系统,这些个体系统各有自己的内在传播活动,即人内传播;个体系统与其他个体系统相互联结,形成人际传播;个体系统又分属于不同的群体系统,形成群体传播;群体系统的运行又是在更大的社会结构和总体社会系统中进行的,它与政治、经济、文化等社会环境保持着相互关系。

马莱兹克模式(1963)强调了社会传播的复杂性(图7-5),影响和制约传播者的因素包括传播者的自我印象、人格结构、同僚群体、社会环境、所处的组织、媒介内容的公共性所产生的约束力、受众的自发反馈所产生的约束力、来自讯息本身以及媒介性质的压力和约束力;影响和制约受传者的因素包括受

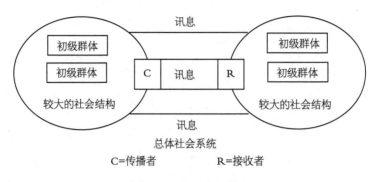

图 7-4 赖利夫妇模式

传者的自我印象、人格结构、作为群体一员的受传者(受众群体对个人的影响)、受传者所处社会环境、讯息内容的效果与影响、来自于媒介的约束力等。传播者对讯息内容的选择和加工，受传者对媒介内容的接触选择都可以对媒介和讯息产生影响。

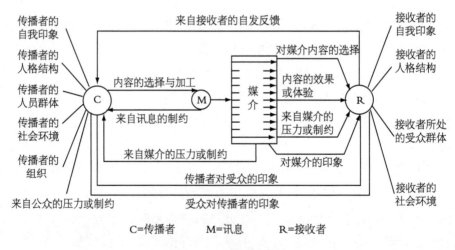

图 7-5 马莱兹克模式

在传统媒体的传播模式研究中，媒体往往占据着传播主导的地位，传播者这一要素主要指代媒体，以及媒体的实际控制者。随着媒介形态的发展，尤其是在社会化媒体中，受传者即受众的主导作用日益凸显，并形成了以受众为中心的使用与满足传播模式，这种传播模式通过分析受众的媒介接触动机以及这些接触满足了他们的什么需求，来考察大众传播给人们带来的心理和行为上的效用(图7-6)。

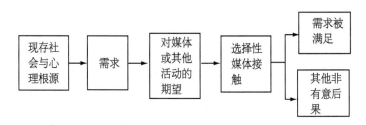

图7-6　使用与满足传播模式

我们可以借助以上几种传播模式来探讨社会化媒体公益营销的传播链。在社会化媒体中,传播者可以是媒体、组织,也可以是个人,接收者以个人为主,但也包括一些媒体和组织。社会化媒体中的每个人都是可以提供讯息的信源,同时也承担着讯息的再次传递作用,社会化媒体已经作为传统媒体选题素材的重要来源,同时也成为一些组织进行舆情观察的重要平台。

对公益传播来说,公益信息的传播者包括:

1. 公益组织。很多公益组织在社会化平台上开设有官方账号,定期发布最新公益信息,它们承担着编码、释码、译码的作用,将一段时间内需要大众关注的公益议题通过活动、广告等形式宣传出来。

2. 大众媒体。这里的大众媒体是指除社会化媒体外的其他大众传播的媒体形式,如报纸、电视、广播等传统媒体以及其网站、商业门户网站(如新浪、腾讯等)、专业类网站等。大众媒体在社会化平台中的行为同样是借助官方账号的形式生成。大众媒体在社会化平台上的官方账号可以看做是一个窗口,每条信息背后往往在其自有网站中有大量网页支持,用户通过社会化平台上发布的信息跳转到这些媒体的自有网站进行更详细的阅览。

3. 个人。发布公益信息的个人包括捐助方也包括受助方,发布信息的内容为行为或理念的宣传呼吁或者求助信息。

在本文所讨论的传播链中,公益信息的传播媒介即为社会化平台,包括博客、论坛、微博、微信、电子商务网站等多种形式。

公益信息的接收者包括:

1. 意见领袖。明星、行业领袖、活跃用户(大V)等都在社会化媒体中具有很高的关注度和影响力,他们是公益信息的接收者;同时意见领袖作为一个特殊的小群体也承担着公益信息的再解释、加工和传播的作用。他们的二次编码对公益信息的传播起着相当重要的作用。

2. 个人。社会化媒体的个人用户是公益信息接收者中最大的一个群体,个人用户通过分享、转发、评论等行为可以对公益进行群体内传播,同时线下人际传播也是公益信息传播的重要途径。

3. 组织机构。公益信息的接收者还有企事业单位、社会团体等。这些群体往往作为一个整体参与到公益活动中来,并主动进行群体内传播与反馈。

对于公益信息的长期关注者,这些用户的媒介使用习惯和信息接触习惯也影响着公益信息传播者传播方式的选择,传播活动的创意性、公益活动参与方式的创新、公益广告的营销方式改革等都是在使用与满足传播模式下为了更好地满足受众需求而进行的发展。

综合以上几种传统的传播模式和社会化媒体公益营销传播的独特性,按照传播方式的不同,总结出社会化媒体公益营销的传播链有如下两类:

组织化的公益营销信息传播,大多由某类公益组织、网站、媒体等机构发起,动用的社会资源较丰富,传播环节较多,传播范围较广,传播链长而复杂(图7-7)。传播链中的主要环节有公益发起组织、大众媒体、意见领袖、个人用户、组织结构用户、线下参与者、电子商务网站等。

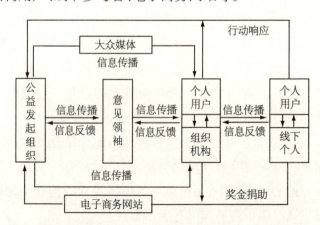

图7-7 社会化媒体中公益营销信息传播链(组织化传播)

公益营销的民间自发传播,传播链较为简单(图7-8)。这类传播大多由某一个或某几个组织者发起,他们在 QQ 群、论坛等平台发布公益信息,响应及参与者也相对固定,传播范围较小。传播路径既有网络在线传播也有线下人际传播。民间自发传播的传播链主要环节包括组织者、在线参与者、线下参与者等。

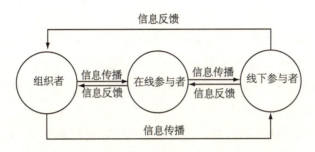

图 7-8 社会化媒体中公益营销信息传播链(自发传播)

2. 公益营销组织化传播主要环节

"微博益起来"活动是由新浪微博发起的大型公益活动,从 2013 年 10 月到 12 月,首个活动是微公益与"免费午餐"开展的深度合作,借助新浪微博平台为贫困地区青少年学生募集免费午餐资金。

"光盘行动"是由一群热心公益的人发起,倡导厉行节约反对浪费,号召大家珍惜粮食、吃光盘子食物,奉行"尊重粮食"这一传统美德。光盘行动的宗旨是餐厅不多打、食堂不多打、厨房不多做。人们要做到的不仅在餐厅吃饭打包,还要按需点菜,在食堂按需打饭,在家按需做饭。这一活动于 2013 年 1 月在新浪微博和腾讯微博分别开设官微@光盘行动,开始了首轮宣传。在很短时间内,"光盘行动"的影响力迅速扩大,全国媒体、民众、餐厅和院校等纷纷响应,同时还得到了全国两会、国际媒体和联合国的参与支持。

本书将借助"微博益起来"和"光盘行动"这两个分别为行动导向和理念导向的案例探讨公益营销组织化传播的主要环节。

行动导向是指公益传播的内容为活动的组织,如募捐、献血等;理念导向是指公益传播的内容为某一行为的指导概念,如勤俭节约、尊老爱幼等。

（1）公益发起组织

"微博益起来"活动是在北京市互联网信息办公室、首都互联网协会指导下，由新浪微博进行组织策划。新浪微博本身就是一个重要的社会化媒体平台，其开设的微公益平台自 2012 年年初上线到 2013 年年底，已吸引了 100 多万网友关注并参与到公益捐助和传播中来①。微公益的微博官方账号粉丝人数近 40 万人②。

合作方"免费午餐基金公募计划"是由邓飞等 500 名记者、国内数十家主流媒体，联合中国社会福利基金会发起，该计划拥有专门的运营团队，除了建设有自己的官网、微博账号、微信账号、淘宝网店，还通过平面媒体、视频媒体、户外媒体等多渠道进行宣传。

"光盘行动"的发起团队并非一个公益组织，成员来自金融、广告、保险等不同的行业，组成了自称为 IN_33 的团队。2013 年 1 月初，IN_33 中的三个成员发出号召"从我做起，今天不剩饭"的想法，得到多人响应。

政府和行业协会的支持也成为"光盘行动"最大的推动力，在一个月的时间里，国家旅游局号召餐饮行业建立"节俭消费提醒制度"，今后餐馆将会提供半份餐服务；商务部也表示，要大力发展网络订餐、半成品餐和外卖快餐等餐饮服务模式，同时要清理规范最低消费、包间费等额外收费，减少不合理的餐饮支出；江苏省餐饮行业协会发起倡议书，要求省内企业积极响应"光盘行动"，协会还邀请省食品药品安全监督局、省文明办、省商务厅等单位召开"响应 2013 光盘行动座谈会"，共同推进企事业单位加入"光盘行动"行列③。

联合国世界粮食计划署和人人网联合举办了"我光盘，我光荣"高校巡回公益活动，活动在 2013 年 4 月 10 日—5 月 10 日的一个月内覆盖全国 2 000 余所高校，旨在帮助在校大学生养成勤俭节约的好习惯，厉行节约、反对浪费。

从这两个案例可以看出，公益发起组织在公益营销传播中起到项目策划、议程设置、过程控制、效果评估等方面的作用。公益营销传播想要获得较高的

---

① 数据来源：微公益 http://gongyi.weibo.com。
② 数据来源：微公益微博官方账号 http://weibo.com/weibogongyi。
③ 人民网：《江苏餐饮协会发"光盘行动"倡议拒绝"剩宴"》，网址：http://js.people.com.cn/html/2013/01/25/203504.html。

影响力,需要发起组织具备的特点,或者说公益营销信息的传播策划中的需要顾及的前提条件有如下几点:

有固定的班底团队推动。"微博益起来"活动本身就借助新浪微博的工作团队,"免费午餐"也有自己的固定组织机构,可以对活动形成长期的、有计划的推动和控制。"光盘行动"在宣传初期,组织了近30人的队伍,除了发布微博,还亲自把宣传页和海报送到了北京全市的各个餐厅去。他们将北京城分成12个区域,2到3人负责其中一个区域的宣传页发放,一些宣传页还被送到了加油站点,通过加油站的物流车分发到各个小的站点。2013年1月16日,行动团队在北京某餐厅召开"光盘节"启动仪式,设置展板向路人宣传,还与就餐者进行沟通与互动。

有高影响力的机构加盟合作。"免费午餐"加盟"微博益起来"平台,可以借助新浪微博庞大的用户数量达到广泛宣传的目的。同时,该项目从发起初期就得到了中国社会福利教育基金会"多背一公斤公益基金"的支持。2012年,百度联合了60万家百度联盟伙伴共同发起"百度·免费午餐公益一小时"网络公益活动,此次活动在60万家网站上同时推广,打造出了中国"最大规模的网络公益广告"。此外,该项目还得到了政府的支持,2011年秋,国务院决定启动民族县、贫困县农村学生免费午餐试点工作。项目的发起人邓飞在接受媒体采访时也提到:"大规模的改变,单靠民间捐款是不可能完成的。只能通过财政资金,只有依靠政府。"[1]而"光盘行动"更是在一开始就得到了国内政府、协会、国际媒体和国际组织的多方位支持和合作。

社会化媒体平台的作用不容忽视。不论是"免费午餐"还是"光盘行动",最初的发起平台都是微博。2011年3月9日,由邓飞等媒体人首先在微博上发起"免费午餐"活动,倡议社会捐款。2013年1月13日,腾讯微博@光盘行动上线;2013年1月14日,新浪微博@光盘行动官微上线,启动了第一轮的宣传。可以说,以微博为代表的社会化媒体在公益营销发起、组织、宣传方面都起到了重要的作用。

---

[1] 京华时报:《"免费午餐"成在公开透明》,网址:http://epaper.jinghua.cn/html/2011-09/26/content_704026.htm。

(2) 意见领袖

一个良好的公益传播,都有意见领袖的作用在其中。从明星代言公益广告,到社会化媒体中的"大V"转发,意见领袖就像是一个扩音器,将信息进一步扩大、广而告之。微博意见领袖传播作用的模拟路径如图7-9。

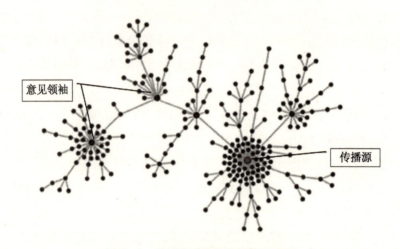

图7-9 微博意见领袖传播模拟路径

在"微博益起来"活动中,策划团队将整个活动过程划分为三个阶段,每个阶段都是以名人明星为主导:预热阶段,近百位名人明星率先捐一份免费午餐,通过明星来号召网友粉丝一起来传播或参与免费午餐项目;正式阶段,更多公益项目加盟,让更多的爱心企业机构发起转发捐助及公益话题吸引用户参与,公益名人明星也加入劝募队伍;常态化运营阶段,逐步沉淀、优化用户参与的规则,鼓励更多的企业名人公益行为的常态化,制定成熟的用户公益参与激励体系。

活动网站还公布了参与活动、加入劝募队伍的名人明星的名单,并根据粉丝数量、劝募数量等指标计算每个名人明星的影响力,列出了排行榜(图7-10)。

截至2013年年底,"微博益起来"劝募排行榜排名前三位的明星蔡康永(粉丝2 476万)、谢娜(粉丝4 180万)、吴奇隆(粉丝3 132万)的劝募数分别为88 467份、56 165份、44 547份。

"光盘行动"也得到了许多意见领袖的支持,如公益名人陈光标在自己的

图 7-10　意见领袖主导的公益传播

微博发布消息称,要将自己的名字改为"陈光盘",虽然后来因手续问题此举没有成功,但他号召大家节约粮食,春节、婚礼等不放鞭炮,以及节约用水,节约用电的理念通过媒体的报道得到了宣传。

图 7-11　陈光标到派出所更名为"陈光盘"

(3) 门户网站

社会化媒体上的公益宣传背后往往有门户网站的影子。门户网站的专题页面或公益频道是社会化媒体内容的延伸和支撑。

以"微博益起来"活动为例,新浪网站公益频道为"微博益起来"开辟了专题页面,刊登活动介绍和活动新闻。此外,从 2013 年 10 月 17 日活动开始当日,众多新闻门户网站就陆续对活动进行了报道,宣传影响力进一步扩大。

2013 年 10 月 17 日,中国新闻网发表了报道《互联网界影响力最大公益盛事今在京启动》,人民网、新华网信息化频道、中国台湾网、新浪网公益频道等网站对此报道进行了转载。

同日,中青在线、千龙网等网站也都分别发表了报道。

10 月 18 日,新华网北京频道和公益频道,和讯网等网站对活动进行了介绍。

10 月 19 日,中国广播网转载了《东方今报》的新闻《为爱而生 易宝公益圈联手新浪"微博益起来"公益盛事》,新浪网新闻中心转载。

10 月 21 日,南方网转载了《南方都市报》的新闻《新浪微博动用 10 亿资源冲刺微公益》,新浪网山东频道转载。

10 月 23 日,新浪公益和新浪娱乐发表报道《宋承宪参与捐助活动为儿童募集爱心便当》,东方网、扬子晚报网、央视网等网站对报道进行了转载。

10 月 24 日,活动满一周之际,人民网、新华网、和讯网等多家网站转载了《北京晚报》的报道《"微博益起来"公益活动启动 一周募集午餐 10 万份》,报道总结了一周以来活动的成果:11.3 万份午餐和 186 万人参与。

10 月 25 日,《北京日报》和《北京晨报》也发表了相似的报道,被新浪网、人民网、新华网、网易网等大量网站转载。

10 月 26 日—29 日,依然有网站陆续对活动一周的成果进行转载和报道。

11 月 6 日,新浪网新闻中心、光明网等网站转载了《北京青年报》的报道《北京市委书记:把握网络舆论战场主导权》,该报道虽然主题不是"微博益起来"活动,但在列举北京市网信办的多项措施时,提到了该活动在网信办的指导下,取得了很好的效果。

11 月 14 日,新浪娱乐发表报道《朱丹助力"微博益起来"活动:做最真实的自己》,东方网、扬子晚报网等网站转载了该报道。

11月25日,中华网、IT168、比特网等多家网站转载了报道《32万份免费午餐凝聚爱心　800万用户再掀新浪微公益风暴》。

11月28日,腾讯网、和讯网等网站转载了《信息早报》的报道《"微博益起来"　马可铅笔助力"聆天使计划"》。

12月3日、4日,和讯网等网站报道了丰盛星球公司在活动中的捐助《"快乐童鞋"两天募集40万元　"微博'益'起来"掀爱心热潮》。

12月10日,和讯网、北方网、赛迪网等网站发表了多美滋在活动中的捐助《"微博'益'起来"创新企业公益模式》。

12月16日,中国日报网发表了报道《吴亦凡亲笔勾画益起来　暖心偶像传递公益正能量》,新华网娱乐频道、环球网娱乐频道、中国青年网等网站转载。

12月27日,一些网站发表了报道《"微博益起来"打造全民公益　1.7亿新浪微博网友献出爱心》,报道了活动在12月16日落下帷幕,并对活动进行了简短的总结。

从以上传播过程来看,公益活动信息在新闻门户网站间的传播路径为发起网站(如新浪网)——权威门户(如人民网、新华网)——商业门户(如网易、和讯),或者为平面媒体报道——众多网站转载。而作为组织方的网站(如新浪网)则作为活动新闻的聚合平台,承担所有相关新闻的发布或转载功能。

随着活动的进程发展,新闻门户网站对公益活动信息的关注点也在发生着变化。网站初期关注活动计划和组织,中期关注活动的意见领袖行为和阶段性成果,后期则倾向于捐助方的个案报道。

(4) 社会化媒体用户

社会化媒体的用户是公益传播的主要参与者,是信息传播的终端。截至2013年12月31日,关注"微博益起来"官方微博的用户数量为26.24万人,被用户转发的"♯微博益起来♯"信息达1 867.25万条。

如果说"微博益起来"是将社会化媒体用户聚合在某一固定平台上进行集中的讨论和转发,"光盘行动"在用户中的传播则是均匀发酵式。"光盘行动"在新浪和腾讯开设的官方账号粉丝量并不大,各自只有几百人关注,但"光盘行动"在微博上的提及率很高,新浪微博的提及率为139.82万条("光盘计划"

提及率为 5.6 万条),腾讯微博的提及率为 54.84 万条("光盘计划"提及率为 2 000 条)。

社会化媒体的用户可分为公益活跃用户和公益普通用户。活跃用户是指参与活动、转发活动信息,并在活动中发表自己的观点或行为信息、呼吁其他用户共同参与的这一部分用户;普通用户是指关注、转发或参与活动,但不发表自己的观点或行为信息,没有呼吁其他用户共同参与的这一部分用户。

对于行为导向型公益活动而言,用户的参与度虽然很高,但活跃用户不多。如在"微博益起来"活动中,有 84.7% 的用户在关注或参与捐助后,仅仅转发了微博系统自动生成的文字内容;有 19.5% 的用户转发了自己喜欢的公益明星的信息;仅有 8.2% 的用户在参与捐款后发表了自己的原创感想或呼吁其他好友关注活动,用户整体呈现"热心且被动"的态度(图 7-12)。

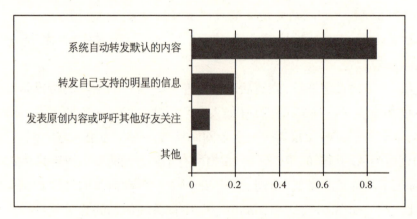

图 7-12　行为导向型公益活动用户活跃度

而理念导向型公益活动其用户的参与度和活跃度相对较高。如在"光盘行动"中,有 62.5% 的用户在社会化媒体中上传了自己吃光盘子里食物的照片,并通过发微博、评论来传递"勤俭节约、珍惜粮食"的理念;有 34.2% 的用户没有发表图片,但发表了原创文字或评论;仅有 22.8% 的用户仅转发了系统自动生成的内容,没有加入自己的观点(图 7-13、图 7-14)。

不同类型公益活动,用户活跃度为何呈现不同态势?经对 20 名社会化媒体公益参与者的深访得知,涉及捐款的公益活动,大家分享行为的动力不足,主要有以下几类原因:

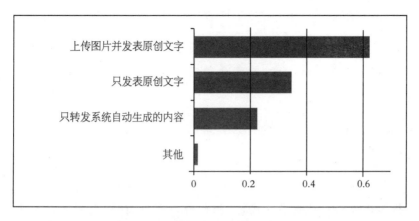

图 7-13 理念导向型公益活动用户活跃度

图 7-14 用户通过发图片和评论来传递理念

第一,做好事不留名的心态,尤其涉及钱的问题。有受访者称:

"我只捐了几块钱,没什么可张扬的,没必要搞的大家都知道。"

"捐款只是一种心意,对需要帮助的人有用就行,不是为了进行自我宣传。"

第二,捐助是个人行为,没有必要推而广之,要求所有人都这么做。有受访者称:

"我觉得那些孩子可怜,我愿意捐钱,并不代表我的朋友们都愿意,捐了钱不代表(我)就有多高尚,没捐也都是有原因的,我为什么非要劝大家都向我学习呢?"

"微博上,只要你参加了活动,系统都会生成一段文字,问你是否发布。我觉得这就够了,告诉大家我做了什么事。大家看到了,也想参加就更好,不想参加也没什么,无所谓。本身也不是什么大事,没什么可说的。"

第三,认为募捐、宣传推广是意见领袖的事,与自己无关。有受访者称:

"我又不是明星,没那么大影响力,做好自己就行了。"

"活动组织得挺好的,很多名人也参加了,影响力很大,不用我再做什么。"

涉及文明理念宣传的公益活动,大家热衷于分享,主要由以下几类原因:

第一,需要社会上所有人都意识到问题,才会产生好的效果。有受访者称:

"比如要节约粮食、公共场所不要吸烟,这不是一个人、两个人做到就会有用的事,需要呼吁全社会所有的人都这么做,要教育下一代从小就养成这么做的习惯,社会才能真正进步。"

"光盘行动,要人人做起,成为一种良好的社会风气。"

第二,拥有一种文明理念,是一件值得骄傲的事。有受访者称:

"我光盘,我光荣,所以我也要告诉大家。"

"我只是想从自己做起,把照片晒出来,并且让大家知道这是一件多么让人开心的事,这样也许其他人也就会考虑这么做,这个(光盘)理念就推广出去了。"

(5) 电子商务网站

2010 年年初,淘宝网开通了公益频道和支付宝公益基金账户,一些慈善基金或个人求助纷纷通过淘宝网进行活动组织或资金操作。到 2013 年年底,共有 1.19 万件公益产品在淘宝上销售。

2011 年 7 月,"免费午餐"也在天猫开设了公益店,用户可以直接购买公益产品,进行捐助。

图 7-15 "免费午餐"天猫公益店

电子商务网站已经成为了社会化媒体公益营销传播链中重要的一环,使得公益传播从信息发布、传播到支付全传播链都实现了网络在线完成和分享,社会化媒体创造了全新的、完整的公益传播模式。

3. 公益营销民间自发传播主要环节

公益营销的民间自发传播是指地区性的、小范围的、由个人发起的小型公益传播。这类传播的组织者往往是一个人或几个人,通过社会化媒体召集一些志同道合的朋友,组织一些小规模的活动。参与者相对固定,传播范围较小。这类民间自发传播主要活跃的平台是 QQ 群和论坛。

"在路上"QQ 群就是这样一个小型公益群,成立时间是 2011 年,QQ 群的作用是活动通知和讨论。这个群关注的重点是北京地区贫困家庭的救助。本节将以这个 QQ 群为例讨论公益营销民间自发传播的主要环节。

(1) 组织者

民间自发传播的组织者没有分工明确、人员固定的组织团队,组织者可以是一个人也可以是几个人。

组织者的信息来源一般来自于社交媒体,如公益论坛,或者是人际传播。他们将信息发布到自己建立的社交媒体账号上,征集响应者;或是将信息通过人际传播通知熟悉的参与者。

"在路上"QQ 群的几名组织者,以前同为北京市门头沟义工联的志愿者,以城市工薪阶层的白领为主。组建 QQ 群后,这些组织者通过自身的人脉关系联络周围同样热衷公益的个人加入。QQ 群组织活动的时间不固定,有少量长期的资助对象或单位,如河北地区某小学、患病儿童、孤寡老人等。

组织者进行公益传播的目的是希望以这种形式尽自己的一份力,并呼吁大家关注弱势群体。有受访者称:

> "做公益不分有钱没钱,关键是有这个心。我也可以带着孩子去这些困难的学校、家庭去看看,让孩子得到教育,并学会关心他人。"

还有的组织者出于对部分现有公益基金在资金募集和使用等方面的质疑,决定自己组织公益活动。有受访者称:

> "我们决定自己做公益,是为了能够帮到真正有困难的人,不是为了宣传上好看,我们能够看到自己的每一分钱用到了实处。"

(2) 线上与线下参与者

线上参与者是指通过 QQ 群、公益论坛等社会化媒体接收信息,并在线报名参与线上或线下活动的社会化媒体用户。这部分人属于社会化媒体的活跃用户,具有一般社会化媒体用户的特点。

民间自发的公益传播同时还具有很强的人际传播特点,由社会化媒体用户到非社会化媒体用户之间的传播非常紧密,活动的很大一部分参与者都是通过人际传播获得的信息。

有受访者称：

"我每年都会参加一到两次公益活动,如'天使之家'义工什么的。我太太经常在'爱心家园'之类的论坛上看,一般都是她看到有什么信息就告诉我,我有时间就跟他们去。"

"我有一个朋友办了个公益的 QQ 群,他那里信息比较丰富。我平时不怎么上 QQ,有活动他就给我打电话。"

调查显示：参与过社会化媒体上个人组织的公益活动的用户中,有 56.7% 的用户在社会化媒体上看到公益活动信息,并在线报名;有 15.6% 的用户听别人说起公益活动信息,但会自己登录社会化媒体报名;有 27.7% 的用户听别人说起公益活动信息,直接在线下参加活动,不会登录社会化媒体。

第二节 社会化媒体公益营销传播链的转化率

转化率是指按照网站宣传目标进行了相应动作的访问量与总访问量之间的比例。转化率是衡量网站内容对访问者的吸引程度以及网站的宣传效果的重要指标。

在公益营销的传播链中,传统媒体、网络媒体、社会化媒体、人际传播等均发挥着不同的作用。其中,哪类媒体的转化率最高？社会化媒体对公益营销的转化率如何？不同类型的社会化媒体之间转化率是否有差异？这些差异的原因是什么？本节将就这些问题进行讨论。

本节将通过"免费午餐"和"小传旺"两个案例,探讨社会化媒体公益营销传播链的转化率。

1. 公益信息各渠道传播的到达速度

"免费午餐"活动起源于微博,后来宣传的规模扩大到了电视、报纸、门户网站等,活动也建立了自己的网站。

调查显示:在报道过"免费午餐"活动的各类媒体渠道中,有21.6%的受众首次从新浪微博听说了"免费午餐"活动,所占比例最高;其次是电视渠道和门户网站,分别有15.6%和12.9%的受众首次从这两个渠道听说该活动;其他一些渠道的排名依次是腾讯微博、"免费午餐"的官方网站、微信受众号、百度公益、报纸、新浪博客、淘宝/天猫、广播、视频网站、人人网、地方政府宣传、户外广告、互动百科/百度百科、开心网等。

表7-1 您首次从哪里听说的"免费午餐"活动?

媒体	选择人数百分比
新浪微博	21.6%
电视	15.6%
门户网站的新闻报道	12.9%
腾讯微博	8.6%
免费午餐官方网站	6.6%
微信受众号	5.3%
百度公益	4.5%
报纸	4.3%
新浪博客	3.9%
淘宝/天猫	3.5%
广播	2.5%
视频网站	2.5%
人人网	1.9%
地方政府宣传	1.8%
户外广告	1.6%
互动百科/百度百科	1.4%
开心网	1.0%
百度文库	0.4%

"小传旺事件"发生于2012年7月,13岁男孩杜传旺被工友用充气泵击伤,公益组织"天使妈妈基金"组织了对小传旺的救助和医疗资金募集。短短

三四天时间里,小传旺的父亲收到了26万元捐款,"天使妈妈基金"收到的捐款突破60万元。但是质疑声随后而来,有关"天使妈妈基金"对捐款的使用及医院的选择等问题,引起了网民非理性的声讨和骂战。

调查显示:在报道过"小传旺事件"的各类媒体渠道中,有26.4%的受众首先从门户网站听说了"小传旺事件",所占比例最高;其次是新浪微博和电视,分别有22.1%和12.0%的受众首次从这两个渠道听说该事件;其他一些渠道的排名依次是腾讯微博、百度贴吧、新浪博客、报纸、人人网、百度知道、网易微博、公益网站、开心网、广播、大众论坛等。

表7-2 您首次从哪里听说的小传旺事件?

媒体	选择人数百分比
门户网站的新闻报道	26.4%
新浪微博	22.1%
电视	12.0%
腾讯微博	7.7%
百度贴吧	7.7%
新浪博客	6.4%
报纸	4.7%
人人网	2.7%
百度知道	2.0%
网易微博	2.0%
公益网站(公益中国、公益慈善在线等)	2.0%
开心网	1.7%
广播	1.0%
大众论坛	0.7%
其他	0.7%
豆丁网	0.3%

由以上两个案例可以看出,门户网站、新浪微博和电视的公益宣传的到达速度最快,也是受众接触公益信息的主要渠道。在"免费午餐"活动中,有

38.2%的受众是从社会化媒体(新浪微博、腾讯微博、微信公众号、新浪博客、淘宝/天猫、人人网、开心网、互动百科/百度百科)中首次获得此信息,在"小传旺"事件中,有57.2%的受众是从社会化媒体(新浪微博、腾讯微博、百度贴吧、新浪博客、人人网、百度知道、大众论坛、网易微博、开心网)中首次获得此信息。社会化媒体成为公益信息传播重要渠道。

在各类社会化媒体中,微博成为公益传播到达速度最快的渠道,其中新浪微博的公益传播速度最快,其次是腾讯微博。百度贴吧、百度知道、淘宝等社会化媒体平台在不同种类的公益传播中也具有一定的优势。

2. 社会化媒体公益传播的转化率

受众对传播信息的转化分为行为转化和观念转化,行为转化包括网络传播行为、线下援助行为。网络传播行为是指转发、收藏、发表评论等,线下援助行为是指捐款或提供帮助。观念转化是指公益传播对受众思想或态度的影响。

在社会化媒体对"免费午餐"的传播中,新浪微博、腾讯微博、新浪博客、互动百科/百度百科、淘宝/天猫、开心网、人人网、微信公众号等这几类社会化媒体表现较为突出,本节将对这几类社会化媒体进行对比研究。

对比以上这些行为在各类社会化媒体中的不同表现,其中受众的转发行为,在新浪微博上的发生率最高,为48.3%;其次是微信公众号(47.1%)、腾讯微博(43.6%)、新浪博客(39.1%);互动百科/百度百科的转发行为发生率最低,为12.2%。

受众对信息的收藏(保存)行为,淘宝/天猫的发生率最高,为34.0%;其次是人人网(32.5%)、微信公众号(32.1%)、开心网(29.3%);互动百科/百度百科的收藏(保存)行为发生率最低,为14.8%。

受众对信息的评论行为,腾讯微博的发生率最高,为39.3%;其次是新浪微博(35.7%)、人人网(32.5%)、新浪博客(28.7%);互动百科/百度百科因没有评论功能,所以评论行为的发生率为0%。此外,淘宝/天猫的评论功能需购买公益产品才能使用,评论率也较低,为11.5%。

综合所有网络传播行为,在传播过"免费午餐"信息的这几类社会化媒体中,新浪微博的转化率最高,为73.7%;其次是腾讯微博(70.2%)、淘宝/天猫(68.1%)、微信公众号(66.3%);转化率最低的是互动百科/百度百科,为14.8%。

表7-3 社会化媒体"免费午餐"的网络传播行为转化率

媒体	转发	收藏	发表评论	都没有	转化率
新浪微博	48.3%	25.5%	35.7%	26.3%	73.7%
腾讯微博	43.6%	28.9%	39.3%	29.8%	70.2%
新浪博客	39.1%	28.7%	29.1%	37.7%	62.3%
互动百科/百度百科	12.2%	14.8%	0.0%	85.2%	14.8%
淘宝/天猫	15.6%	34.0%	11.5%	31.9%	68.1%
开心网	37.9%	29.3%	27.4%	40.8%	59.2%
人人网	38.7%	32.5%	30.5%	35.7%	64.3%
微信公众号	47.1%	32.1%	32.1%	33.7%	66.3%

"免费午餐"的线下援助行为主要是参与"免费午餐"的捐款,援助行为的转化率考察的是不同社会化媒体进行信息传播后对受众捐款行为的促成率。调查显示:新浪微博的网络传播转化率最高,为23.0%;其次是淘宝/天猫(18.1%)、腾讯微博(14.1%)、微信公众号(11.3%);开心网的网络传播转化率最低,为5.8%。

表7-4 社会化媒体"免费午餐"的线下援助行为转化率

媒体	关注人数	行为人数	转化率
新浪微博	760	175	23.0%
腾讯微博	560	79	14.1%
新浪博客	435	36	8.3%
互动百科/百度百科	225	23	10.2%
淘宝/天猫	260	47	18.1%
人人网	313	22	7.0%
开心网	207	12	5.8%
微信公众号	400	45	11.3%

"免费午餐"传播在改变人观念方面的转化率与传播行为和援助行为的转化率相比相对较高。

其中对节约粮食观念的形成方面,人人网的转化率最高,有61.1%的受众在看过人人网传播的内容后,产生了"以后要节约粮食"的想法;其次是百度百科/互动百科,有60.0%的受众在看过百度百科/互动百科传播的内容后产生了此想法。其余转化率的排名分别是新浪博客(57.8%)、淘宝/天猫(56.4%)、微信公众号(55.1%)、新浪微博(54.2%)、腾讯微博(52.7%)、开心网(50.0%)等。

对公益宣传观念的形成,腾讯微博的转化率最高,有52.7%的受众在看过腾讯微博传播的内容后,产生了"让自己周围的人也来关注"的想法;其次是淘宝/天猫,有46.2%的受众在看过淘宝/天猫传播的内容后产生了此想法。其余转化率排名分别是新浪微博(45.0%)、微信公众号(42.9%)、开心网(40.9%)、人人网(38.9%)、新浪博客(35.9%)、百度百科/互动百科(34.3%)等。

对公益行动意识的形成,淘宝/天猫的转化率最高,有49.0%的受众在看过淘宝/天猫传播的内容后,产生了"尽自己所能帮助他们"的想法;其次是开心网,有48.2%的受众在看过开心网传播的内容后产生了此想法。其余转化率排名分别是新浪微博(47.5%)、腾讯微博(45.4%)、人人网(43.9%)、微信公众号(41.2%)、新浪博客(40.0%)、百度百科/互动百科(35.7%)等。

对持续性公益行动意识的形成,新浪博客的转化率最高,有28.1%的受众在看过新浪博客的内容后,产生了"还想通过其他渠道帮助他们"的想法;其次是人人网,有27.8%的受众在看过开心网传播的内容后产生了此想法。其余转化率排名分别是百度百科/互动百科(22.9%)、微信公众号(22.4%)、开心网(21.8%)、腾讯微博(21.6%)、新浪微博(17.5%)、淘宝/天猫(12.8%)等。

综合所有因公益信息传播而带来的观念的改变,在传播过"免费午餐"信息的这几类社会化媒体中,新浪博客的转化率最高,为94.7%;其次是微信公众号(93.9%)、人人网(93.5%)、新浪微博(92.1%);转化率最低的是互动百科/百度百科,为86.6%。

表 7-5 社会化媒体"免费午餐"传播对受众观念的改变

媒体	以后要节约粮食	让自己周围的人也来关注	尽自己所能，帮助他们	还想通过其他渠道帮助他们	都没有	转化率
新浪微博	54.2%	45.0%	47.5%	17.5%	7.9%	92.1%
腾讯微博	52.7%	52.7%	45.4%	21.6%	8.2%	91.8%
新浪博客	57.8%	35.9%	40.0%	28.1%	5.3%	94.7%
互动百科/百度百科	60.0%	34.3%	35.7%	22.9%	13.4%	86.6%
淘宝/天猫	56.4%	46.2%	49.0%	12.8%	12.7%	87.3%
人人网	61.1%	38.9%	43.9%	27.8%	6.5%	93.5%
开心网	50.0%	40.9%	48.2%	21.8%	8.6%	91.4%
微信公众号	55.1%	42.9%	41.2%	22.4%	6.1%	93.9%

在社会化媒体对"小传旺"事件的传播中，新浪微博、腾讯微博、新浪博客、百度知道、百度贴吧、开心网、人人网、大众论坛等这几类社会化媒体表现较为突出。

对比以上这些行为在各类社会化媒体中的不同表现，其中受众的转发行为在腾讯微博上的发生率最高，为 39.0%；其次是大众论坛（38.3%）、新浪微博（43.6%）、人人网（33.8%）；百度知道的转发行为发生率最低，为 17.4%。

受众对信息的收藏（保存）行为，开心网发生率最高，为 34.0%；其次是新浪博客（17.3%）、腾讯微博（13.8%）、百度知道（13.2%）；百度贴吧的收藏（保存）行为发生率最低，为 6.6%。

受众对信息的评论行为，大众论坛的发生率最高，为 51.7%；其次是新浪微博（44.1%）、腾讯微博（40.7%）、人人网（40.0%）；百度知道的评论率最低，为 8.8%。

综合所有网络传播行为，在传播过"小传旺"事件的这几类社会化媒体中，大众论坛的网络传播转化率最高，为 64.5%；其次是腾讯微博（61.4%）、新浪微博（61.0%）、新浪博客（56.4%）；网络传播转化率最低的是百度知道，为 25.6%。

表7-6 社会化媒体"小传旺"事件的网络传播行为转化率

媒体	转发	收藏	发表评论	都没有	转化率
新浪微博	38.0%	12.3%	44.1%	39.0%	61.0%
腾讯微博	39.0%	13.8%	40.7%	38.6%	61.4%
新浪博客	33.6%	17.3%	34.5%	43.6%	56.4%
百度知道	17.4%	13.2%	8.8%	74.4%	25.6%
百度贴吧	32.4%	6.6%	32.1%	61.9%	38.1%
人人网	33.8%	12.3%	40.0%	46.2%	53.8%
开心网	28.9%	19.1%	34.7%	54.3%	45.7%
大众论坛	38.3%	8.3%	51.7%	35.5%	64.5%

"小传旺"事件的线下援助行为主要是对小传旺的捐款,调查显示:新浪微博的援助行为转化率最高,为18.9%;其次是腾讯微博(12.3%)、大众论坛(10.6%)、人人网(8.0%);百度知道的援助行为转化率最低,为2.9%。

表7-7 社会化媒体"小传旺"事件的线下援助行为转化率

媒体	关注人数	行为人数	转化率
新浪微博	447	85	18.9%
腾讯微博	363	45	12.3%
新浪博客	275	19	6.8%
百度知道	170	5	2.9%
百度贴吧	285	16	5.5%
人人网	163	13	8.0%
开心网	117	9	7.3%
大众论坛	150	16	10.6%

由这两个案例可见,不同性质的公益传播,各类社会化媒体的转化率排名不尽相同,但可以看出,新浪微博和腾讯微博的转化率相对较高,用户数量和用户质量在各类社会化媒体中居前列。

3. 影响公益传播转化率的因素

调查显示,影响受众是否参与"免费午餐"项目的各类因素中,传统媒体(电视、报纸、广播)的新闻报道数量成为最主要的因素,占 24.5%,可以看出传统媒体的影响力依然是各类媒体之首,受众对传统媒体的报道更加信任。

其次,影响"免费午餐"传播转化率的因素是门户网站的新闻报道数量,占 23.5%,公益活动是否有正规的官方网站报道也成为受众判断活动是否正规、是否可信的一个重要标准,影响度占 22.4%。

值得关注的是,目前很多公益传播热衷运用的"打明星牌"的方法,虽然可以提高传播影响力,但在转化率上排名并不靠前,影响度和电子商务这种新型捐款方式同为 14.3%。

表 7-8 影响"免费午餐"传播转化率的因素

	比例	S^2
传统媒体新闻报道比较多	24.5%	2.062
门户网站新闻报道比较多	23.5%	
这个活动有正规的官方网站	22.4%	
有很多明星和公众人物也参与了这项活动	14.3%	
在淘宝/天猫上捐款比较方便	14.3%	
其他	1%	

影响"小传旺"事件传播转化率的各类因素中,事件本身的吸引度占了主要部分,"儿童遭到恶劣伤害"本身就是一个易于引人同情的话题,"小传旺让人觉得很可怜"成为影响传播转化率的首要因素,占 39.1%。

其次,"门户网站和传统媒体(电视、报纸、广播)的新闻报道较多"居于第二、三位,分别占 17.2%和 16.7%。"小传旺"事件作为突发事件的一种,与传统媒体相比,短时间内网络媒体在传播速度和信息量上均占优势,因此在这一事件中,门户网站新闻报道对转化率的影响略高于传统媒体。

在人际因素方面,网友的讨论热度和周围人的关注对这类突发事件的转化率的影响均不大,分别为 9.2%和 5.7%。

表 7-9 影响"小传旺"事件传播转化率的因素

	比例	S^2
小传旺让人觉得很可怜	39.1%	2.835
看到门户网站新闻报道比较多	17.2%	
看到传统媒体新闻报道比较多	16.7%	
看到有很多明星和公众人物也参与了这项活动	12.1%	
论坛网友的激烈讨论	9.2%	
周围人的关注	5.7%	

第八章 社会化媒体公益营销传播的问题与对策

第一节 社会化媒体公益营销传播存在的问题

1. 社会化媒体传播的人才缺失

社会化媒体技术发展日新月异,不同公益组织对新媒体的接受和运用水平差别较大。

在中国,最有影响力的一批公益组织其社会化媒体传播的尝试起步并不晚。中国用户数量最多的两家微博平台——新浪微博于2009年8月开通,腾讯微博于2010年4月开通,几乎在这两家微博开通试运营之时,就有公益组织加盟。中国扶贫基金会、壹基金、麦田计划这三家公益组织走在了社会化媒体传播的最前列,无论是微博开通日期、发布微博的条数、经营的粉丝量都可圈可点。

但并不是所有的公益组织都具有社会化媒体传播的优势,相反,很多公益组织意识到了社会化媒体传播的重要性,但并未将社会化媒体作为传播的重点平台。例如表8-1中,中华慈善总会在2011年4月7日就开通了其唯一的微博平台——腾讯微博,但至今未发布一篇微博。中华见义勇为基金会的微博于2011年7月7日注册,也只在注册当月更新了1篇、2011年11月更新过3篇后便停滞了。

从这些微博的绝对粉丝量来看,很多公益组织无论微博内容运营得如何,粉丝量动辄几万,甚至几十万,相比很多公司做微博品牌营销吸引的粉丝量还要大,表面看社会化媒体的公益营销传播很容易做。但如果与这些组织在全国、全世界的志愿者数量比起来,很多微博所具有的粉丝量还远没有达到该组织发展的志愿者的数量。就算让这些志愿者全部关注本组织的微博,粉丝数量再上升,所形成的传播无非还是组织内部传播。

没有良好的传播策略、没有计划性的传播方案、没有出彩的传播活动,公益组织就无法将这些粉丝量变为切实的传播力,无法在社会化媒体上发挥其应有的社会作用。

表 8-1 中列举的公益组织在中国属于相对最具影响力的一批,数量更为广大的官办中小型公益组织、民间公益组织、国际公益组织的中国办公室等,社会化媒体传播的差异更加明显。

表 8-1　中国公益组织微博运营情况一览表

序号	NGO 组织	开通日期	微博数	粉丝量	平台
1	中国扶贫基金会	2009 年 9 月 4 日	5 184	90 328	新浪
2	壹基金	2009 年 11 月 13 日	6 154	347 027	新浪
3	麦田计划	2009 年 12 月 2 日	3 601	10 001	新浪
4	嫣然天使基金	2010 年 7 月 6 日	2 081	200 488	新浪
5	中国妇女发展基金会	2010 年 8 月 18 日	3 057	21 082	新浪
6	中华环境保护基金会	2010 年 9 月 7 日	1 904	23 824	新浪
7	中国青年志愿者协会	2010 年 11 月 9 日	198	304 835	新浪
8	中国青少年发展基金会	2011 年 1 月 4 日	4 190	50 107	新浪
9	宋庆龄基金会	2011 年 2 月 10 日	602	44 278	新浪
10	中国儿童少年基金会	2011 年 2 月 25 日	47	99 303	腾讯
11	中华慈善总会	2011 年 4 月 7 日	0	15 483	腾讯
12	光华科技基金会	2011 年 6 月 17 日	760	2 434	腾讯
13	中国红十字会	2011 年 7 月 4 日	2 334	278 274	新浪
14	中华见义勇为基金会	2011 年 7 月 7 日	4	19 596	腾讯
15	中国残疾人福利基金会	2012 年 10 月 8 日	152	396	腾讯
16	李嘉诚基金会	2013 年 9 月 23 日	112	2 173	新浪

注:微博数及粉丝量统计到 2014 年 3 月底截止。

在社会化媒体上一个优秀的公益营销传播方案,除了需要具有专业的策划人才,维护、运营、组织等环节均需要足够的专业人才来支撑。而制约很多公益组织的社会化媒体建设的短板之一,是人才的缺失。

受制于经费等原因,我国大部分公益组织的全职员工规模有限,行政、人事、品牌这类非直接"生产"部门的预算较低,负责媒体运营,尤其是新媒体维护的员工数量就更少。据不完全统计,员工规模在100人以下的公益组织,负责媒体宣传类的员工基本在5人以下,专职进行社会化媒体维护的员工为1—2人。

以2014年年初的经营状况为例,中国人口福利基金会全职工作人员27人左右,2013年成立宣传部,由4人组成,只有1人专职进行微博、微信等新媒体维护工作。中国香港乐施会在北京的办公室,媒体传播官员一共2人;绿色和平在北京的办公室,媒体公关也只有1位负责人。不仅是公益组织,进行公益传播的传统媒体也面临这一问题,《公益时报》作为行业内较有影响力的报纸之一,负责微博维护的只有和其他部门共用的半个员工。

很多公益组织在管理结构上实行的是项目制,项目组垂直负责活动的策划、组织、宣传等一系列相关事宜,公益营销传播的任务由项目组直接负责,无论是传统媒体、网站,还是微博、微信传播均由1人或不到1人负责,甚至负责人并不具备媒体传播经验,或只是具有初级经验,这就直接导致公益营销传播方式长期创新不足、传播效果有限,很难进行专业的公益传播人才培养。

另外,新媒体技术发展日新月异,电子商务、二维码、第三方开发平台等后台设置、操作使用等都有一定的技术要求,需要公益组织中媒体传播专员不但熟悉这些新产品的前台应用,更需要学会产品的后台编辑和简单的原理。同时,优秀的媒体传播专员也需对新媒体、新技术具有较高的接受、学习能力。技术壁垒对公益组织中的媒体传播专员提出了更高的要求,也使得优秀的传播人才培养成本更高,数量更加稀少。

2. 公益组织公信力与网民偏见

近年来,随着公益活动参与人数的增多,在社会化媒体上关于公益话题的讨论也成为热点之一。同样,与关注度提高相伴随的各种质疑之声也随之层出不穷,公益组织的公信力受到虚假消息和网民偏见的挑战。

在"小传旺"事件中,公益组织"天使妈妈基金"就受到了虚假消息的攻击,公信力降至冰点。2012年7月11日18时,小传旺受伤约一周后,天使妈妈基金会伸出援助之手,改天便将小传旺送往北京市八一儿童医院进行进一步治疗。这本是好事一桩,但7月13日13时21分,事情急转直下,一网友发微博称天使妈妈基金会不让家长靠近孩子,并私吞社会捐款。该微博几小时内引发近5万的转载与评论,网络舆论骂声一片。20分钟后知情人士便发微博澄清事实,但仅有11次转发。天使妈妈基金会图文并茂的官方辟谣微博也只有222条转发,淹没在了谣言与谩骂中。7月13日,该条微博被证实系谣言,博主也受到了禁言的惩罚,但网民的质疑并没有因此停息。在此后的一周里,网民根据极少信息判断天使妈妈基金会与八一儿童医院有利益勾结,提供医疗费证据不可靠等,在被天使妈妈一一辟谣后,无话可说的网民甚至发表了"任何人做一件事情如果没有利益的话,是违背人类的天性和自然发展规律"的言论来质疑公益组织。

经调查,在小传旺事件中,只有22.9%的受访者完全没有产生任何质疑,公众质疑的焦点主要在三个方面:事件的炒作者是否在利用孩子博取同情,媒体夸大了小传旺受到的伤害(将"高压充气枪充气进肛门"报道为"高压充气枪塞入肛门充气"),募捐操之过急。关于天使妈妈基金"私吞社会捐款"的传言,在经媒体报道澄清后,公众对其的质疑度下降,但依然没有完全消除。事件尘埃落定后,还有19.8%的受访者认为天使妈妈基金在骗取捐助,有16.9%的受访者认为天使妈妈基金和医院串通一气、中饱私囊(详见表8-2)。

表8-2 小传旺事件公众质疑点

媒体	选择人数百分比
募捐操之过急	31.8%
利用孩子博取同情	35.4%
天使妈妈基金在骗取捐助	19.8%
天使妈妈基金和医院串通一气、中饱私囊	16.9%
夸大报道被救助人事件,将"高压充气枪充气进肛门"报道为"高压充气枪塞入肛门充气"	34.6%
以上都有	8.4%
以上都没有	22.9%

虽然天使妈妈基金会在整个事件中遵守程序、公开透明、回应及时，但网络谣言造成的负面影响仍然无法估量。最直接的影响就是公众的公益参与度和参与意愿下降。有31.6%的受访者表示，看到了微博上关于天使妈妈基金"私吞捐款"的消息，本来打算捐款的念头打消了；有8.4%的人庆幸一开始没有捐款(详见表8-3)。在小传旺事件发生后，有34.4%的公众表示公益参与意愿没有受到影响，还会继续参加公益捐助；有52.5%的公众表示以后参加公益活动前会犹豫，不再轻信参加；有10.4%的公众表示不是完全相信公益组织了；有2.6%的公众表示不会再参加公益活动或捐款。

表8-3　质疑事件对公众公益行为的影响

媒体	选择人数百分比
没有影响，还是会继续捐款	59.9%
本来打算捐款的念头打消了	31.6%
庆幸一开始没有捐款	8.4%

表8-4　小传旺事件对公益参与意愿的影响

媒体	选择人数百分比
不是完全相信公益组织了	10.4%
参加公益活动前会犹豫，不再轻信参加	52.5%
不会参加公益活动了	0.3%
不会参加捐款类的公益活动了	2.3%
没有影响，继续参加	34.4%

陷入过舆论漩涡的公益组织还有中华少年儿童慈善基金会(以下简称中华儿慈会)。2012年12月10日，中华儿慈会在财务报表中的纰漏被细心网友发现并发表在网络上，引起极大反响。中华儿慈会迅速作出回应，当晚在官网发布称该纰漏为会计审计错误，与财务造假、洗钱无关，并向民政部门进行汇报，民政部门也表示错误可以理解。事情得以解决，但是网络舆论却未能平息，网友又将矛头指向了中华儿慈会的内部审计工作缺少外部监管，指责其失职。随即中华儿慈会邀请多方参与审计工作的相关人员证明自己的清白，却没能换回口碑。虽然中华儿慈会有工作中的纰漏，失职行为严重，但事件解决

后公信力并没有恢复。

嫣然天使基金也未能逃过网络舆论的考验。2014年1月,网友在微博上发表言论声称嫣然天使基金7 000万善款下落不明,涉嫌利益输送,救治手术成本超过市场价格近十万元且不与公立医院合作有猫腻等。嫣然天使基金创办人李亚鹏在2014年1月6日发表公开信作出回应,称感谢网友监督,欢迎亲自来嫣然天使基金实地考察,还亲自解释了基金会中钱的用途,并已经向民政部申请信息公开,不排除用法律手段保护自己。即使李亚鹏及王菲用明星的影响力尽量减少网络虚假信息的负面影响,但还是有不少网民表示"不相信嫣然天使基金会"、"谁知道他们有没有和民政部门串通好",质疑者还表示要与李亚鹏法庭上见。李亚鹏则表示等待审计结果。截至2014年3月底,民政部门的调查已经结束,媒体和公众依然在等待正式结果的宣布。

低质疑成本,高回应成本,使得公益组织每当遇到工作失误或公众质疑时很难通过简单的回应或信息公开就逃脱负面舆论。从"有罪推定"、"阴谋论"到"人云亦云"已成为网络舆论中一种独特的文化现象,网民总是希望自己观点具有独家性、能够一鸣惊人,不喜欢简单的情节和事实。

一个简单的误会,通过解释可能会使99%的网民相信,但只要有1%的网民提出质疑,如果不加以澄清,一段时间后,很可能质疑的比例会上升到30%,甚至50%、100%的网民都开始怀疑。

网络媒体的报道在很多公信力事件中也起着推波助澜的作用。目前,网络媒体新闻价值的判断,依然还是以点击率为主。为了追求点击率,报道中穿凿附会、"标题党"的现象并不少见。在"嫣然天使基金"事件之前,2013年11月,网友微博指控李亚鹏创建的"书院中国"基金会涉嫌包括财务、名称等多项违规,质疑李以公益为名开发房地产。大量网络媒体就以《李亚鹏基金会遭质疑》为大标题发表报道或制作专题页面,其中不乏新浪网娱乐频道、凤凰网娱乐频道这类门户网站;而一些传统媒体未经证实直接转载,或沿用了"李亚鹏基金会"的说法,如《镇江日报》的报道《李亚鹏基金会被指借公益敛财》。事实上,"李亚鹏基金会"这一组织并不存在,但无疑媒体的这一穿凿附会的标题的确吸引了公众的眼球,并引发了大量转载。

一方面,网民的偏见导致公益组织公信力受到考验;另一方面,很多公益组织也的确没有做到公开透明,容易引起公众的质疑。

根据中民慈善捐助信息中心发布的《2013年度中国慈善透明报告》显示:2013年我国慈善组织透明指数平均43.11分,比去年的平均分提高了33.1%,但是仍然处在不及格的水平。全国1 000家公益慈善组织中,信息公开透明指数达60分以上的占29.6%,透明指数达到90分以上的公益慈善组织有70家。我国约20%的公众对我国公益慈善组织过去一年的信息披露工作比较满意,超过70%的公众认为,公益慈善组织的信息披露工作有一定程度的进步[①]。

近些年,随着舆论监督的加强,我国公益组织信息公开水平和透明度明显上升,政府也在完善相关政策,敦促公益组织在透明度方面加强自律、接受社会监督,如2011年7月民政部出台了《中国慈善事业发展指导纲要(2011—2015年)》,明确了慈善事业"公开透明"的原则。2010年1月,江苏省出台全国首部地方性慈善法规《江苏省慈善事业促进条例》,规定慈善组织应每年向社会公布慈善财产状况、慈善募捐和受赠财产的使用和管理情况、工作经费和工作人员工资的列支情况等。2010年11月,湖南省出台《湖南省募捐条例》,针对社会普遍关注的募捐主体资格不明确、募捐程序不规范、募捐财产管理使用不透明、公开承诺捐赠事后不兑现等热点问题作出了相应的规范。2014年年初,广州市拟出台《广州市慈善组织募捐透明度评价办法》,对在广州地区开展募捐活动的红十字会、慈善会、公募基金会以及取得募捐许可的公益性社会团体、民办非企业单位和非营利的事业单位,进行透明度情况评估。

对于网民的习惯性质疑,除了依赖于网民整体素养和网络文化的提高和进步,也需要公益组织加强自身规范、从根源上减少质疑点,对于已经发生的负面舆论,更需掌握好回应的方式方法。公益组织公信力的打破往往只需一条微博,但公信力的重建却是长期而艰巨的工程。

3. 一次性传播难以转化成持续行为

媒体传播是短暂性的,媒体永远在追求更新的话题,来掀起一个又一个舆论高潮,而从公益倡导的提出到文明行为的养成却需要持续的宣传和影响。

---

① 新京报:《仅3成公益组织透明指数及格》,2013年9月23日,第A10要闻版。

公益宣传长期性的需求和媒体传播短暂性的现实构成了一个悖论。

世界知名的"地球一小时"环保公益行动,在中国的关注度达 72.4%[①]。每年三月和九月最后一个周六的 20:30—21:30,全球范围内熄灯一小时,许多国家都参加了这个活动。从表面上看,这个活动可以节省不少电力,也能起到极大的宣传环保的公益性作用。但是经过科学研究发现此活动由于用电量变化巨大,会对电网造成损伤,并且没有节电效果。与此同时,除了活动的两天,部分写字楼、公寓、酒店都是二十四小时灯火通明,活动的宣传作用收效甚微。

图 8-1 2014 年多个城市参与"地球一小时"熄灯活动

注:图片资料来自于互联网。

每年 3 月 12 日是我国一年一度的植树节,上至国家领导,下至中小学生,都会来到郊野中种植树木。如果按照种植"数目"统计:2009 年,四川省义务植树 1 亿株;2010 年,呼和浩特市累计植树 1 亿株;2013 年,广东省义务植树 1 亿余株;2014 年,北京市累计义务植树 1.93 亿株……从 1981 年邓小平同志倡导全民义务植树运动 33 年来,如果这些种植的树木全部成活,估计中国的森林覆盖率已近 100%,但事实不尽如此。正所谓"十年树木,百年树人",很多单

---

① 数据详见第五章第一节第三部分。

位、学校在组织植树后,树木长期无人看管,自生自灭。一些调查显示大量在植树节被种植的树木由于无人看管,成活率非常低,甚至不到50%。2014年,北京市已经开始反思植树节这个一次性公益活动的意义,并把提高成活率作为当年植树节的主题,意在杜绝一次性公益。

在中国,城市中随处可见的公益体育设施,在建设之后没有专人和相关款项进行保养维护工作,不久后便损坏、被盗窃,相关用地也挪作他用,市民纷纷表示无奈。花费不菲最终却成为面子工程,这一切也都是"一次性"惹的祸。

近年来兴起的大学生支教活动也是不折不扣的一次性公益。大学生利用假期的时间来到贫困地区的学校进行短期支教活动,最短的可能只有一天,不但对孩子的学习没有什么帮助,还有可能因为日后没有时间关心孩子而造成对孩子的二次伤害,与当初支教的初衷南辕北辙。

捐款是最典型的公益行为之一,很多人对捐款的态度也存在着"一次性"心理:没有大灾难(如地震)不捐款,有大灾难才捐款,而且捐过一次款就算做过公益了,公益心理"有效期"可以保持很长一段时间,直至下一次重大的天灾人祸。社交媒体上"点赞"的功能推出后,又分化出一批虚拟公益的拥护者。当某个公益活动推出后,或者有人需要捐助时,这些人纷纷在社会化媒体上对这些信息"点赞",认为点了"赞"就算是参加了公益活动,就算是对这些需要捐助的人表示了支持和关心。

这些一次性公益的特点是作秀成分大,公益效果差。严格来讲不能算是合格的公益活动。近些年,公益界也纷纷对此进行了反思,在很多公益活动的策划阶段,就应对公益传播的长效性作出设计,尽量避免举办一次性公益活动。

第二节 社会化媒体公益营销传播策略

1. 差异化媒体传播策略

很多公益组织,也包括政府机构、公司,在运用新型社会化媒体进行传播的过程中容易走向两个极端:或者是社会化媒体平台建设停滞不前,注册账号后没有专人维护,内容更新缓慢;或者是跟随社会热点,不停地追求新的社会化媒体平台,大家都在用微博的时候工作重点放在微博,大家开始用微信时工作重点放在微信,对各种社会化媒体平台的特点没有作深入的了解和研究,用同样的经营理念和内容简单粗暴地在不同平台上进行移植,每个平台都没有做出影响力。

在各行业中,大家都在讲"立体化"传播策略,以及该策略如何实现单一平台实现不了的效果。所谓"立体化"传播并不仅仅是在多个媒体平台都注册有账号、同时发声就可以实现,不同类型的社会化媒体需要制定差异化的传播策略。

以为微博和微信为例,如果说微博是一种社会化媒体,微信则更像社交网络。社交网络是一个封闭的熟人圈子,人与人之间互相熟识,信息内容的诚信度更高;社会化媒体是一个大众传播的平台,信息传播范围更广,传播速度更快,影响到的受众人数更多。

从传播力上来看,微博的传播效果更好,但这个效果有正向的也有负面的。一条信息发布出去,有人会相信,也有人不相信,有骂你的人,有表扬你的人,甚至还有给你捐钱的人,社交互动充分而复杂。微博营销方法和成功案例这些年已有很多著作在阐述,这里就不多做赘述。在微信方面,以前微信的公众号都是展开的,有信息推送会有弹出提示,但这就出现一个问题:订阅的公众号多了,不停地弹出提示对用户是一种强烈的骚扰。目前微信公众号全部折叠放在"订阅号"下,用户需要点开"订阅号"才能发现订阅的这些公众号是否有信息更新,而且微信还规定了每天推送信息的数量不能超过1条。有一个真实的笑话:某个公众号的账号被盗,错发了东西出去,结果连道歉的机会都没有,因为当天的限额用完了,只能过了12点才能发道歉信。从这一点上来看,微信的传播力是有限制的,互动模式简单,想要像微博那样,通过几篇好文章就迅速扩大粉丝量、赢得广泛关注度很难实现。

从用户细分聚类和获得信任的难易程度来看,微信更具优势。很多公益组织利用微信公众号或微信群作为活动召集或捐助信息发布的平台。微信用户之间的好友关系使得同一类型的人群能够更明显地进行聚类。根据清华大学媒介调查实验室 2013 年对微信用户的调查显示:同事/同学关系的微信群所占比例最高,为 81.6%;其次是密友关系,有 67.8% 的用户加入;其他关系类型从高到低排序分别为兴趣/协会组织(47.1%)、同一生活/工作区域(40.6%)、粉丝团(24.2%)、同一产品的用户(24.1%)、"其他关系类型"所占比例为 0.4%,包括网友、亲属、陌生人等。从精准营销角度,微信传播更容易找到目标群体,比如某组织希望面向企业主募捐,只要加入一些企业主的微信群并发布消息,事情就会变得事半功倍,免去了一个一个联系并洽谈的麻烦。但同时,微信圈子的进入门槛也最高,每个微信群的加入都需要群主发出邀请或者审核通过,群和群之间有着明显的壁垒,陌生人很难随意进入。微信传播最关键的步骤也许不是信息的发布,甚至不是创意策划,而是面向个人的公关。找到一个掌握大量微信群(其实也就是大量社会关系)"通行证"的关键人物参与你的传播,对传播效果至关重要。

表 8-5 微信群的关系类型

关系类型	选择人数百分比
同事/同学	81.6%
密友关系	67.6%
兴趣/协会组织	47.1%
同一生活/工作区域	40.6%
粉丝团	24.2%
同一产品的用户	24.1%
其他	0.4%

随着公益组织公信力日渐成为一个备受关注的话题,公益传播中也无法绕开公众信任度的问题。对各类社会化媒体的调查显示:对于信息的真实性,用户信任度最高的是微信朋友圈,有 58.8% 的用户对微信朋友圈的信息表示基本相信或完全相信。经用户深访得知,用户信任该信息的因素大多为"朋友圈中发布的是自己熟人的个人生活信息,应该不会造假"、"自己对朋友知根知底,所以信任"等;其次,有 40.5% 的用户对微信公众号的信息表示基本相信或完全相信;其他媒体用户信任度由高到低排序分别为微博、微信群、人人网/开

心网、论坛、QQ群。

表8-6 不同社会化媒体用户信息真实性认知

媒体	完全相信	基本相信	相信一部分	基本不相信	完全不相信
微信朋友圈	17.1%	41.7%	28.8%	7.0%	2.3%
微信公众号	9.0%	31.5%	42.3%	11.0%	2.1%
微博	7.1%	32.7%	46.5%	9.7%	1.9%
微信群	7.7%	30.6%	43.3%	11.1%	2.5%
人人网/开心网	6.7%	25.6%	40.7%	12.6%	2.5%
论坛	8.0%	24.9%	45.5%	14.9%	1.8%
QQ群	8.8%	24.6%	37.3%	19.1%	7.9%

如果说微博上的公益营销宣传能够在短时间里引起大范围的关注，那么微信在小范围的公益宣传和活动组织上则是有力的工具。正如人的幸福感不来自于绝对的生活质量，而来自于和周围人的比较，哪怕生活质量很低，只要我比我周围人过得好，幸福感就高。公益营销也是同理，媒体都在宣传"地球一小时"要熄灯，很多人也许会觉得有距离感，觉得"关我什么事"，如果他在微信朋友圈、微信群中看到亲戚、朋友、邻居都熄了灯，甚至纷纷上传熄灯后的"靓照"，人就会产生危机感：认为自己如果不熄灯会不会不合群？进而想到自己是不是不够"环保"？

微信和微博，也包括其他类型的社会化媒体，虽然从用户人数和传播力上稍有差异，但并不存在哪个就绝对有效，哪个就绝对无效的问题，只在于运营者有没有根据不同社会化媒体的特点，充分发挥其作用。对于计划进行公益传播的组织，无论是在微博上拥有1万个粉丝量，还是在微信上刚刚起步拥有100个粉丝量，都是一种宝贵的资源，我们需要的是对这些资源进行差异化的利用。

比如，有很多微信群，哪怕只有100人，如果有残疾儿童需要一辆轮椅，这100人都是收入不菲的白领或者医疗器械经营商，那这条信息发出后所能收到的效果很可能会超出预期。但如果这100人的公益群全是弱势群体在寻求其他人捐助，这条求助信息很可能就石沉大海，没人有能力捐赠。所以，粉丝量并不一定代表传播效果,在合适的地方进行合适的宣传才最重要。

2. 建立受众质疑沟通能力

公益组织屡遭网民质疑,公益组织的危机公关能力成为对组织新的考验。我国的危机公关理论体系已较为完善,被广泛认可的几种理论体系包括"危机公关5S原则"、"公关传播5B原则"、"危机管理体系6C原则"、"公众攻略4S原则"等。

其中由游昌乔创立的"危机公关5S原则"要求[1]:

shouldering the matter 承担责任

危机发生后,公众会关心两方面的问题:一方面是利益的问题,利益是公众关注的焦点,因此无论谁是谁非,企业应该承担责任。即使受害者在事故发生中有一定责任,企业也不应首先追究其责任,否则会各执己见,加深矛盾,引起公众的反感,不利于问题的解决。另一方面是感情问题,公众很在意企业是否在意自己的感受,因此企业应该站在受害者的立场上表示同情和安慰,并通过新闻媒介向公众致歉,解决深层次的心理、情感关系问题,从而赢得公众的理解和信任。实际上,公众和媒体往往在心目中已经有了一杆秤,对企业有了心理上的预期,即企业应该怎样处理才会使他们感到满意。因此企业绝对不能选择对抗,态度至关重要。

sincerity 真诚沟通

企业处于危机漩涡中时,是公众和媒介的焦点。你的一举一动都将接受质疑,因此千万不要有侥幸心理。企业应该主动与新闻媒介联系,尽快与公众沟通,说明事实真相,促使双方互相理解,消除疑虑与不安。真诚沟通是处理危机的基本原则之一。这里的真诚指"三诚",即诚意、诚恳、诚实。如果做到了这"三诚",一切问题都可迎刃而解。

speed 速度第一

好事不出门,坏事行千里。在危机出现的最初12—24小时内,消息会像病毒一样,以裂变方式高速传播。而这时候,可靠的消息往往不多,

---

[1] 游昌乔:《危机公关:中国危机公关典型案例回放及点评》,北京:北京大学出版社,2006年版。

社会上充斥着谣言和猜测。企业的一举一动将是外界评判其如何处理这次危机的主要根据。媒体、公众及政府都密切注视企业发出的第一份声明。对于企业在处理危机方面的做法和立场，不论舆论赞成与否，往往都会立刻见于传媒报道。

因此公司必须当机立断，快速反应，果决行动，与媒体和公众进行沟通。从而迅速控制事态，否则会扩大突发危机的范围，甚至可能失去对全局的控制。危机发生后，能否首先控制住事态，使其不扩大、不升级、不蔓延，是处理危机的关键。

system 系统运行

在逃避一种危险时，不要忽视另一种危险。在进行危机管理时必须系统运作，绝不可顾此失彼。只有这样才能透过表面现象看本质，创造性地解决问题，化害为利。

standard 权威证实

自己称赞自己是没用的，没有权威的认可只会徒留笑柄。在危机发生后，企业不要自己整天拿着高音喇叭叫冤，而要"曲线救国"，请重量级的第三者在前台说话，使消费者解除对自己的警戒心理，重获他们的信任。

除了危机公关的一般原则，从天使妈妈基金受到质疑的事件中，我们也可以从用户角度分析公益组织危机处理时所应注意的方向。

2012年7月13日13时，有网民第一次发微博对天使妈妈进行指责，称："我怒得全身发抖了……杜传旺家人从昨天下午到北京开始就没再见到过孩子，也没见到任何基金会的人，不知道该怎么办，也不敢惹基金会，不敢转院怕不给医药费，只好在医院门口坐着。一开始公布的杜爸银行账号根本不在家人手里，而是基金会办的。杜爸是智障人士，是站在我右边的舅爷在跑……天使妈妈，你们算完了。"

这条微博发布20分钟后，有自称知情人士便发微博澄清事实："你开什么玩笑，昨天下午我是亲眼看见天使妈妈的人和传旺爸爸沟通商量孩子治疗的事，移交病历，交代注意事项，还一再要求孩子爸爸不要关手机，不要远离。你这么造谣是什么意思？想出名想疯了吧。"

当天晚上 17 时天使妈妈基金会发出官方回应,发表微博图片进行辟谣:"这是我们的天使妈妈徐蔓和孩子家长昨天在医院办理相关救助手续的图片。证明说天使妈妈人员没在医院完全是无稽指控。"

在此后的一周,陆续有网民继续发出质疑:"(小传旺)为什么要送到北京?天使妈妈团队为什么选择送到八一儿童医院?为何不去更顶尖的医院?是否有利益勾结?"应对此质疑,天使妈妈发布医院电脑屏幕照片并称:"截止到 7 月 17 日,小传旺在八一儿童医院共花费医疗费用 35 772.16 元。欢迎监督!"

对于天使妈妈基金会辟谣的效果和评价,有 62.8% 的公众非常相信或比较相信,有 37.3% 的公众对辟谣持保留态度或者不相信辟谣内容。有 52.7% 的公众对天使妈妈基金会在这次危机公关中的表现表示满意,其中公众对于其坦诚回应的态度满意度最高,其次是回应的速度和回应的内容。

表 8-7 对天使妈妈基金辟谣言辞的信任度

媒体	选择人数百分比
非常相信	12.1%
比较相信	50.7%
一般	28.2%
不是很相信	8.4%
完全不相信	0.7%

表 8-8 对天使妈妈基金辟谣行为的满意度

媒体	完全满意	满意	一般	比较不满意	完全不满意
辟谣的速度	16.7%	35.8%	38.1%	7.7%	1.7%
坦诚回应的态度	17.4%	36.6%	30.2%	14.1%	1.7%
辟谣时回应的内容	14.4%	37.1%	33.4%	13.4%	1.7%

虽然没有任何一个舆论事件可以通过危机公关做到完全消除负面舆论,但及时并持续的回应有助于挽回大部分人的"民心"。公众并不具备调查事实真相的能力,对一个组织的印象好坏,主要取决于该组织在处理危机事件中是否真诚,是否以一种平等的心态来面对所有人。

3. 将公益传播融入日常生活

文明行为的养成需要长期潜移默化的影响,公益慈善的参与也不是一次性的作秀。在公益营销传播中,一些生活细节处的宣传创意和渗透,往往能将公益成功地融合入人们的日常生活中。

结账台零钱随手捐

在一些快餐店(如肯德基,麦当劳),或者一些超市(如7-11)的结账台上,都可以看到零钱捐款箱,让消费者可以将结账找回的零钱随手进行捐款。放置这些捐款箱虽然属于比较老套的做法,但至今都可以算是一个十分成功的创意,满足了优秀公益传播的几个要求:

(1)曝光率高。结账台的人流量大,生活接触度高,捐款标志不断地刺激人的视觉神经,让人容易将公益捐助当成生活中的一部分。

(2)捐助操作简便。结账台本就是资金交易的地方,钱就在消费者的手上,捐助行为只是手指一动就可以完成,甚至省去了找钱包、掏出钱包的动作。适合越来越怕麻烦的现代人的行为习惯。

(3)锁定目标人群。在餐厅、超市消费的人群大部分都具有一定的经济能力,有余力进行小额的捐助。

(4)无心理压力。募捐箱摆放在那,没有志愿者看着你是投进去一分钱,还是一百元,不用和其他捐助者相互比较。并且,零钱捐助箱吸纳的就是很多人放在钱包里嫌占地方的小额纸币,或到处滚动不易整理的硬币,这些零钱对一些消费能力强的消费者来说属于"鸡肋",捐助出去毫无压力。

抓住生活休闲的碎片化时间

同样可以找准目标群体,并很好地利用了人们零碎的空闲时间、进行操作便捷的募捐方式还有机场候机区的二维码募捐广告。

例如,"免费午餐"在首都国际机场设置了大幅广告,飞机乘客都具有较强的消费能力,在候机或者等候出租车的空闲时间,看见大幅广告上可怜的孩子用渴望的目光捧着一只饭碗,旁边是一个捐款的二维码,很多人会忍不住扫描一下。

还有很多设置在写字楼厕所中的公益广告,也是利用人们上厕所的空闲

第八章　社会化媒体公益营销传播的问题与对策　153

图 8-2　结账台零钱随手捐

注：图片资料来自于互联网。

时间，轻松地完成二维码扫描捐款。

　　在传播公益营销理念方面，抓住碎片化时间同样重要，如地铁中的公益广告。很多大城市地铁人流量相当高，北京地铁日均人流量愈千万人次，是上班族每天都要至少涉足两次的场所，地铁公益广告就抓住了人们等地铁的空闲时间，同时拥有高曝光率，如果再加上广告设计出色，会轻松赢得良好的口碑和传播效果。

图8-3 "免费午餐"机场广告

图8-4 厕所中的二维码广告

第八章 社会化媒体公益营销传播的问题与对策 | 155

图 8-5 地铁中的公益广告
注:图片资料来自于互联网。

微信支付是目前公益捐款比较简单便捷的一种支付方式,广受公众喜爱。不同类型的公益项目在设计的时候可按照需求的不同采取不同的形式。在大灾难亟需大批量物资救助的时候,需要从上到下的动员和大规模行动组织;在日常非紧急的项目中,更需要设计轻松的捐助模式,比如桌子上的桌签二维码扫描一下,随手就捐了一块钱。越简单的行为,越潜移默化的设计,公众的接受度越高。

年复一年持续性宣传

年复一年坚持不断的宣传,虽然看起来是投入量最大、最简单粗暴的方法,但起到的作用毋庸置疑。这种基础的大规模传播可以快速地提高活动的知晓率。

"地球一小时"活动,是否起到了节能作用虽然至今备受质疑,但从知晓率和关注度上来说,居于各类公益活动榜首,这得益于每年持续的号召。"地球一小时"是世界自然基金会(WWF)在 2007 年向全球发起的一项倡议:呼吁个人、社区、企业和政府在每年 3 月最后一个星期六 20:30—21:30 期间熄灯一小时,以此来激发人们对保护地球的责任感,以及对气候变化等环境问题的思考,表明对全球共同抵御气候变暖行动的支持。活动进行八年以来,每年

WWF都为此设计新款宣传海报,请不同的明星进行代言。每到三月底,大量媒体会对活动情况进行报道,必然同时也掀起探讨节能和气候变化话题的舆论高潮。无论是海报的设计,还是明星效应,当该活动已经成为了每年三月底媒体和公众茶余饭后的一种谈资,活动的影响力便已深入人心。

图8-6 中国地区2010—2014年度"地球一小时"海报

图 8-7 中国地区各年度"地球一小时"明星代言

你娱乐，我捐钱

公益募捐有些情况下并不需要每个参与者都付出经济成本，而仅仅是传播一种捐助的理念，尤其是适用于一些企业的慈善捐助。企业做慈善时，如果将企业捐款和大众传播相结合，既可以为企业赢得品牌推广的机会，又可以让公众在娱乐时接受公益理念传播。

前文已分析过,一部分社会化媒体的用户存在一个误区,以为在求助信息后面点个"赞"就算是表示过支持和关心,就算做过公益了,这其实也是网民常见的惰性行为。有些企业利用网民这一行为习惯,在社会化媒体上设计了"你点赞,我捐钱"的公益活动,活泼的游戏形式,不但吸引了大量网民关注,还成功地将网民参与公益的程序大大简化。

如2014年3月植树节前夕,合肥万科在微信上发起了"你点一个赞,万科种棵树"环保互动游戏活动,呼吁人们重视环保,应对雾霾天气。

2007年,联合国世界粮食计划署推出一款世界上最大的抗击饥饿网上游戏——免费大米。免费大米网上游戏包含了词汇、世界各国旗帜和文学等不同类别的45 000个问题,并且拥有英语、西班牙语、意大利语、法语、中文和韩语六种版本。参与者每回答对一个问题,有关赞助方便向世界粮食计划署捐助十粒大米,粮食署将用收集到的捐助为世界各地的饥饿人口提供援助。据媒体2012年的报道,该游戏玩家大约每天回答250万个问题,累计捐赠的大米已经接近1 000亿粒,够500万人口吃一天①。

图8-8 合肥万科"你点赞,我种树"活动

---

① 国际在线:《联合国粮食署免费大米游戏获千亿粒米捐助》,网址:http://gb.cri.cn/27824/2012/01/06/145s3511253.htm。

图 8-9 联合国"免费大米"游戏

第九章 社会化媒体公益营销传播的创新发展

第一节 社会化媒体公益传播渠道的创新发展

随着互联网技术的开发和应用,公益营销也走了科技之路,在 APP 应用方面毫不逊于其他商业应用 APP,并挖掘了 404 网页显示界面、公益广告位及链接、打通数据平台等其他网络技术。

1. 公益营销传播的 APP 应用发展

(1) 公益营销传播的 APP 应用分类

目前,公益营销 APP 主要从开发主体和应用方面可按两大维度进行划分。按开发主体划分可分为政府主导开发的城市 APP 应用和公益组织开发的 APP 应用。其中,城市类 APP 应用以珠海、成都、上海、苏州、惠州、重庆、深圳、北京、武汉等为代表,受众通过客户端可浏览公益新闻、了解城市历史、交通、文化、司法、诚信、公益活动等相关信息。公益组织 APP 应用以壹基金、青少年公益基金会、睢宁县小红帽志愿者协会、深圳慈善会、湖北慈善总会、宋庆龄基金会等为代表,在该类手机客户端上,受众不仅可以了解到公益活动信息、参加讨论、转发等,还可以将公益营销信息或状态同步分享到其他社交网络,并邀请更多的好友关注和参与公益营销活动中,可以说,APP 应用使人们通过社会化媒体对公益营销的关注度更高,让用户能够时时做公益。

从应用角度看,公益营销 APP 可划分为生活应用、城市形象宣传、志愿服务、儿童成长、诚信建设等类别。目前,我国公益营销 APP 的开展主要以生活应用、城市形象、支援服务为主。其中,生活应用类涉及交通、餐饮、旅游、看病、游戏、社区等领域。

表 9-1 全国城市公益营销 APP 开发分类表

分类		公益营销 APP
生活应用类	餐饮	北京无烟馆(餐馆)
	音乐	上海童谣 APP
	旅游	昌平苹果采摘路线智能手机来定制
		北京大栅栏 APP
		上海公厕指南 APP
	交通	上海公交 APP
		武汉通 APP
		芜湖绿色出行助手
	看病	武汉"手机挂号问病"掌上平台
	阅读	无锡少儿悦读 e 站
	社区	常州文明社区天天乐 APP
	游戏	广州米公益 APP 做公益得大米
城市介绍		文化上海 App
		感知上海 APP
		中国·海陵 APP
		文明珠海手机客户端
志愿服务		志愿浙江 APP
		惠州青年汇 APP
		针爱 APP
		苏州工业园区志愿者 APP
		上海志愿者智慧公益平台
城市安全		智慧海曙 e 生活平台
城市管理		成都文明城市智能管理平台
诚信		上海信用生活 APP
文物保护		北京西城历史文化资源 APP
法制		武汉司法公开手机平台

(2) 公益营销传播的 APP 应用现状

目前,中国智能手机销量约占全部手机销量的 58.8%。根据《2014 年中国互联网络发展状况统计报告》数据显示:75.6% 的用户会每天都会使用手机浏览器。同时，截止到 2013 年年底，苹果用户从应用商店下载的应用数量达到了近 30 亿个。① 但在公益营销方面的 APP 应用种类较少且以近两年开发的居多。同时，据豌豆荚手机应用下载数量显示，截止到 2014 年 1 月 21 日，上文中提到的公益营销 APP 以上海公交下载量最多，为 2.2 万次；而豌豆荚平台上手机应用下载量最大的软件为微信，下载量为 1.8 亿。可见，我国手机客户端的用户数量非常庞大且应用产品非常丰富，但公益营销 APP 为小众应用，用户数量有待深挖。

表 9-2 豌豆荚部分公益营销 APP 下载量

公益营销 APP	下载量
武汉通	1 583
上海公交	22 000
上海公厕指南	2 765
中国无烟馆	35
北京大栅栏	15
少儿悦读 e 站	24
米公益	5 369
海陵 APP	13
武汉司法公开手机平台	102
深圳慈善会	421
壹基金	3 184
上海·信用·生活	19
西城名城保护	0
文明南宁	52
文明江苏	25
珠海文明网	5

注：下载量到 2014 年 1 月 21 日截止。

虽然公益营销 APP 开发的初衷是为受众提供便利，但由于公益营销 APP 和其他 APP 在功能上具有替代性，大大降低了受众对公益营销 APP 的依赖

---

① 数据来源：http://www.cnetnews.com.cn/2014/0108/3008075.shtml。

性,以上海交通、武汉通等为例,公益营销的传播和交通查询功能捆绑在一起,但交通查询功能早已被百度地图、高德地图等实现。一旦上海交通、武汉通的查询功能无法和百度地图、高德地图相媲美,上海交通 APP 和武汉通 APP 就面临着用户流失的风险,公益营销宣传效果也会随时受影响。因此,公益营销 APP 要直奔主题,避免被其他功能所绑架。而诸如米公益、壹基金等明确以公益营销为主题的 APP 下载量较高。其中,米公益通过让受众做游戏获取大米积分便可实现公益捐赠,受众在休闲放松中不知不觉参与了公益营销,受到了受众的青睐。

2. 公益营销传播的 404 网页显示

所谓 404 网页是指在浏览器地址栏中输入的网址若不存在,浏览器会显示一个页面,告诉用户当前链接指向的页面不存在,引导用户访问其他网页。长期以来,404 网页一直都沿用了系统默认的页面,是一种极大的网络资源浪费。为此,Missing Children Europe 和 European Federation for Missing and Sexually Exploited Children 公益组织联合发起了针对 404 网页的项目,只需要安装应用软件,网站 404 页面就会自动加载一张走失孩子的照片,帮助他们找到亲人。2012 年,益云(公益互联网)社会创新中心将 404 公益模式引入国内,发起了"404 公益"行动,该活动迅速得到了多家公益组织、媒体、互联网企业的响应。

在社会化媒体中,QQ 空间率先将 404 页面应用于公益营销传播,主要用于显示失踪儿童的照片,用户每刷新一次页面,系统会自动更新一个失踪儿童的信息,用户可以浏览到失踪儿童信息、照片及家人联系方式。同时,QQ 空间对外开放该 404 公益页面的代码。用户只需复制其代码,添加到个人 404 页面,即可利用 404 页面向访客展示走失小孩的信息。从 2013 年起,QQ 空间 404 网页一共展示了 288 名失踪儿童信息,通过 QQ 空间 6 亿多网友的扩散和传播,共有 18 名失踪儿童回到自己的家,通过 QQ 空间 404 网页,失踪儿童找回率为 6.25%。而相比较我国平均每年大约 20 万的失踪儿童规模,失踪儿童的信息需要让更多的社会受众知晓,社会化媒体应成为主要平台之一。

图 9-1　404 页面公益内容显示

3. 公益营销传播的广告位及链接创新

长期以来,传统的网络公益广告投放主要以文字、图片、视频等方式进行展示,受众只能以被动的方式接受公益广告。随着网民行为的碎片化,社会化媒体成为公益广告的投放平台,受众既是接收者同时也是传播者,社交网络用户通过个人账号进行自发扩散,实现 N 次传播。为此,社会化媒体公益广告投放还出现了公益广告位和公益广告链接两种创新方式。目前,公益广告位及链接应用在公益营销宣传应用方面较少,仅在 QQ 空间、博客等少数社会化媒体上应用过,有待扩充应用平台。

(1) 公益营销传播的公益广告位

所谓公益广告位是指受众在自己社交网络广告位用于公益宣传。益云(公益互联网)社会创新中心推出了针对博客和 QQ 空间的公益广告素材和操作指南,公益广告内容涉及寻人、环保节能、保护动物、关爱儿童等,网民只需将相关代码复制即可实现。根据益云平台数据显示,到 2013 年 2 月截止,已有两万多个人在自己的博客、QQ 空间上贡献出了一个公益广告位。

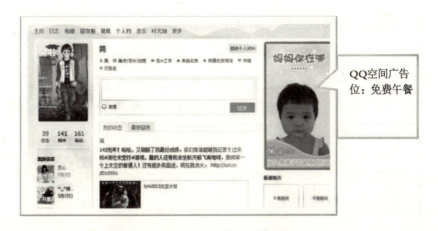

图 9-2　QQ 空间公益广告位

图 9-3　博客公益广告位

(2) 公益营销传播的广告链接

所谓公益广告链接是指受众将相关公益广告链接分享到自己的社交网络。益云(公益互联网)社会创新中心先后推出了扶贫赈灾、妇女儿童、支教助学、卫生医疗、绿色环保、志愿救援等,相比较公益广告位仅在 QQ 空间和博客范围内传播,公益广告链接不仅可分享到微博、人人网、天涯社区等国内社会化媒体,还可分享到 facebook、twitter 等国外社会化媒体,弥补了公益广告位传播范围有限的不足。以绿色环保广告链接为例,到 2014 年 1 月 22 日截止,共计推出了 45 条公益广告链接,被转发了 324 930 次。

4. 公益营销传播的数据大平台

所谓数据大平台是指在自然灾害面前,互联网企业相互开放数据接口,实现大互联网数据平台,共同收集失散和遇难人员信息的平台。2013年4月20日,四川雅安地震发生之后,百度、搜狐、搜狗、新浪微博、搜搜、360搜索、一淘等互联网企业纷纷推出了寻人页面,随之而来的便是寻人平台太多、寻人者需要逐个平台发布重复信息的问题。4月21日,360董事长周鸿祎发微博号召各寻人平台尽快实现数据共享,迅速得到了各平台的响应。经过一天的沟通和准备,4月23日,互联网企业寻人平台实现了首次数据互通。

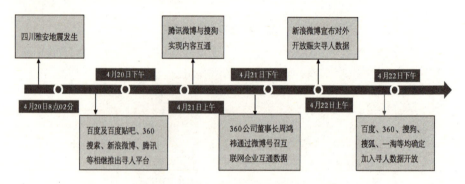

图9-4 雅安地震数据大平台搭建历程

2013年4月23日,用户登陆各大寻人平台,都可搜索到寻人信息。以百度为例,用户通过搜索"雅安寻人"、"雅安地震"、"地震"等热门关键词进入全网寻人平台,不仅可以看到各条信息内容,还可以看到信息来源,如果想要找人,输入姓名或联系方式搜索即可。通过地震数据整合,大大提高了寻人速度和成功率。截至4月23日,百度全网寻人平台聚合了超过33 882条寻人信息,近2 402条报平安信息,仅在百度贴吧寻人平台中,就有251人成功找到失散亲友。

本次数据大平台构建中,除360和搜狗的寻人平台采用国际"PFIF标准"外,其余平台均有自己的标准,互不统一。对于接入其他互联网的数据,每家互联网都需要进行处理,折射出了公共救援信息格式不统一的问题。以360为例,360需要一一为其开通数据的访问权限后,其他企业才可访问接口地址

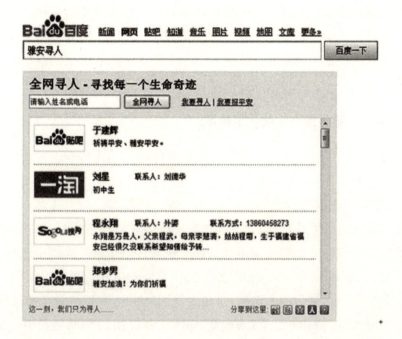

图 9-5 雅安寻人百度平台

获取数据,而针对每个平台的数据,360 需要增加后台的人工审核机制,过滤其中的虚假数据,并整理为统一的 PFIF 数据格式,从 360 的数据接口中一并共享出去。

此外,本次大数据大平台暴露出了虚假信息问题。例如,寻人平台上有一条信息:"帮忙转发一下,一位叫徐敬的女孩,21 岁,请速回雅安水城县人民医院,妈妈伤得很重,想见她最后一面。爸爸号码:151****3486。"后来,这条信息经过公安证实,"徐敬求助"为虚假消息,该联系方式则是在寻人信息中多次出现的高额吸费电话。

第二节 社会化媒体公益营销传播的应用技术创新

2011 年 1 月 25 日,中国社会科学院农村发展研究所教授于建嵘在新浪微博发起"随手拍照解救乞讨儿童"活动,号召微博网友街头随拍乞讨儿童并上传,解救被强迫乞讨的儿童。在微博发出的一个月内,各地网友便上传了2 500张以上乞讨儿童照片。但由于照片数量较多且信息缺失,如何在海量照片中找到走失儿童成为一项难题。为此,人脸识别技术和手机定位技术进入了受众视野。

1. 公益营销传播与人脸识别技术

2011年2月,百度公益寻人平台携手中科院自动化所李子青团队推出了人脸识别技术应用。同时,百度还推出了"百度寻人"手机版。网友可通过手机拍照,然后将流浪儿童的照片直接上传到"百度寻人"公益平台。当用户只要上传失踪儿童的照片以后,系统会在数据库中进行迅速匹配,并按照相似程度反馈给用户相应的流浪儿童照片及其他线索。但在实际操作中还存在儿童成长导致脸部特征变化大,而照片多以侧身照且受到光线影响等问题。因此,即使人脸识别技术是目前最自然、最易于使用的生物特征识别方式,但受拍照环境及儿童成长变化的因素,人脸识别对儿童打拐的帮助还是有一定局限性的。

2. 公益营销传播与手机定位技术

为了让照片能够显示更多的信息,诸如照片拍摄地点和时间,珠海的一位海归博士开发了一款"乞讨儿童数据库"手机应用程序,用户发现乞讨儿童时,可用手机拍照,并将照片、详细描述及自动定位信息上传到微博和同步发到乞讨儿童数据库,该款产品也成为首款针对打拐的手机应用程序。

第三节　社会化媒体公益传播的参与创新

互联网已对受众的生活和工作产生了颠覆式影响,并已成为其生活的一部分。为获得受众的支持和认可,公益组织也需走进受众的网络生活,通过开展线上捐助和开拓电商商务应用,让受众更加快捷地参与公益营销。

1. 公益营销传播与第三方支付平台

传统的线下捐款主要有现场捐款、银行捐款、邮局汇款等方式，需要捐款人专门花费一定的时间和精力去捐款，并存在手续费问题，使人们的公益想法变为公益行为的转化率较低。为此，网络捐款应运而生，先后推出易宝支付、支付宝、财付通等第三方支付平台，整个交易行为均无手续费用且操作简单，捐款金额的无限制，同时增加了善款去向的透明，提升了受众对公益组织和线上捐款的信任度。以汶川地震为例，地震发生当日18时，淘宝网开通网络捐款快速通道，截至次日12时，就筹集善款1 738万元。从此，线上捐款迅速爆发。截止到2013年10月，我国共有5.6亿人次的网民参与了网络捐赠，参与人数最多的平台已吸引超过1 600万人参与网络捐赠。淘宝网的"公益宝贝"更是已有超过1亿笔的公益交易。①

此外，腾讯还推出了微信支付方式，先后在孤贫先天性心脏病儿童救助行动、"十分祝福、十分爱"活动、筑梦新乡村等公益项目试行。用户通过微信绑定银行卡，打开微信公益捐款的链接，输入捐款金额和密码即可完成，还可将微信捐款链接发送给微信群的好友。相比较传统网络捐款，微信支付省略了登录账号、密码等中间环节，捐款可在瞬间完成。因此，如果微信支付能够大面积使用，将带来网络捐款革命性变化，人们在有二维码捐款链接的地方就可以扫描捐款。

2. 公益营销传播与电子商务应用

从2010年起，多家公益机构陆续在淘宝开店，到2012年年底，登记在淘宝的公益组织网店数量上升到了226家。由于18—34岁人群为网购群体，也是公益活动参与者的目标群体，而电商捐款和电商购物的流程基本一致、资金则通过第三方平台转给公益组织，较为透明。通过电商，公益组织很快找到了捐款目标群体和捐款渠道。

在功能方面，电商公益不仅具有分享、收藏、发表评论等功能，还新增了在

---

① 参见：http://crm.foundationcenter.org.cn/html/2013-10/711.html。

线答疑和发表评论的功能,日渐成为新媒体成员之一。对于慈善组织而言,慈善网店有专门的客服人员在线答疑和进行网店管理,有利于及时消除捐赠者的各种不解和疑虑,并在捐赠者评论中能够发现活动中存在的问题并及时纠正。对于捐助者而言,通过慈善网店不仅能够了解当前项目募捐产品详情、销售数量、产品价格、参与者人数,还能够了解资金使用去向,让捐助者更加放心地捐助。此外,买家的捐款行为可以在淘宝个人主页上显示,登录淘宝个人主页的访客可以浏览已捐助买家的相关信息,并成为买家的粉丝和关注者,公益信息就这样潜移默化地影响着买家周围的人。可以说,买家已成为了电商公益传播的中心。

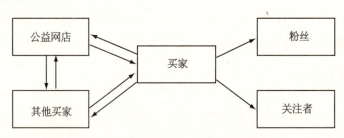

图 9-6 电子商务公益营销传播模式

电商公益分为虚拟交易和实物交易两种。所谓虚拟交易是指买家购买店铺内的虚拟产品如一顿午餐、一个爱心包裹、一份小额捐款等,确认收货后便完成捐赠行为。所谓实物交易则是指卖家将服装、鞋、画笔、饰品等设为公益宝贝,一旦交易完成,买家确认收货,卖家按照之前选定的捐赠项目和捐赠方式捐助公益项目。目前,淘宝规定设置公益宝贝的项目须是具有公募资质的公益基金会的重点项目,并且这些项目能够提供项目年度报告,项目的具体信息也能够被充分披露,当前公益宝贝开放的四个项目分别是淘宝公益基金(中国红十字会·淘宝公益基金)、爱心包裹项目(中国扶贫基金会)、孤儿保障大行动(中国儿童少年基金会)、壹乐园(壹基金)。

相比实物交易,虚拟交易简单明了,买家认可度也较高,成为电商公益的主要形式,虚拟产品价格从 1 元到 365 元不等,大多以百元以下的捐助产品为主。虽然单笔捐款金额不高,但能够让捐助者的捐助想法快速转变为捐助行为,避免了银行排队和热情减退问题,有助于提高捐助行为的转化率。

以壹基金天猫店为例,2013年3月开通天猫网店,网店首页分为导航区、捐助指南区、产品区、善款披露区,点击任意捐助产品之后,在该产品显示页则分为产品展示模块、产品介绍模块、评论模块、历史销量模块、产品分类模块、产品排行榜模块、产品推荐模块等。从产品角度看,壹基金天猫旗舰店推出了战略单品、项目单品、项目衍生单品(这三个均为虚拟单品,虚拟发货收货)以及实物单品,捐助金额从1元到365元不等。其中,销量最受欢迎的是"壹基金公益捐助1元"产品,善款用于儿童成长关怀。截止到2013年12月24日,累计销量达755 013件,累计评价为49 642条,评价内容则较为积极向上。收藏最受欢迎的是"四川雅安公益捐助30元"产品,截止到2013年12月24日,收藏量达2 913次。虽然每次捐款金额都不高,但捐助频率较高。以梁国茂用户为例,在过去的一个月中给壹基金捐过23次。

3. 公益营销传播与社交游戏做公益

"WWF Together"是世界自然基金会(World Wide Fund For Nature)出品的iPad应用,通过精美的图片展示和小游戏,介绍各种珍稀动物的现存状况和生活习性,提高人民对濒临灭绝动物的关注,用新颖的形式和精美的设计宣传保护动物的公益营销理念。国内的移动应用"米公益"是一个通过科技和创意让用户可以随时随地轻松做公益的新型公益参与平台。"米公益"以"众筹"为核心理念,让用户在简单有趣的应用中,将碎片化的时间与健康行为结合,既有利于用户身心健康,又降低个人公益成本帮助他人,积小善而为大善。用户可以通过完成移动App(客户端应用)的健康任务,获得虚拟"大米",然后选择感兴趣的公益活动,并用手中的"米"和其他用户一起兑换真实公益物资,捐给米公益的合作公益组织。

参考文献

1. Gabriel Weimann, *The Influentials: People Who Influence People*. State University of New York Press, 1994
2. Kristina Lerman, Rumi Ghosh, *Information Contagion: An Empirical Study of the Spread of News on Digg and Twitter Social Network*. Association for the Advancement of Artificial Intelligence, 2010
3. Robert Van Es, Tiemo L. Meijlink, *The dialogical Turn of Public Relation Ethics*. Kluwer Academic publishers, 2000
4. Keith N. Hampton, Lauren Sessions Goulet, et al, *Why Most Facebook Users Get More than They Give*. Pew Research Center's Internet & American Life Project, 2012
5. Jeannette Sutton, Leysia Palen, Irina Shklovski, *Backchannels on the Front Lines: Emergent Uses of Social Media in the 2007 Southern California Wildfires*. The 5th International ISCRAM Conference, Washington, 2008
6. Ahmad Hafeez Anjum, *Social Media Marketing: The Next Marketing Frontier*. Government College University, 2010
7. Asur, Huberman, *Predicting the Future with Social Media*. In Web Intelligence and Intelligent Agent Technology (WI-IAT), IEEE/WIC/ACM International Conference, 2010
8. Atkin, C. K., *Mass Media Information Campaign Effectiveness*. Public Communication Campcrigns, Beverly Hills: Sage, 1981
9. Bolter Grusin, R., Grusin, R. A., *Remediation: Understanding New Media*. MIT Press, 2000
10. Centola, D., The spread of behavior in an online social network

experiment. *Science*, 329(5996), 1194-1197, 2000

11. De Reyck, B., Degraeve, Z., MABS: Spreadsheet-based decision support for precision marketing. *European Journal of Operational Research*, 171(3), 935-950, 2006

12. Ellison, Social network sites: Definition, history, and scholarship. *Journal of Computer — Mediated Communication*, 2007

13. Dave Evans, Jake Mckee, *Social Media Marketing: The Next Generation of Business Engagement*. Wiley, 2010

14. Gantz, Fitzmaurice, Yoo, Seat belt campaigns and buckling up: Do the media make a difference? *Health Communication*, 1990

15. Gleave, Welser, Lento, Smith, M. A., *A Conceptual and Operational Definition of 'Social Role' in Online Community*. Proceedings of the 42nd Hawaii International Conference on System Sciences, 2009

16. Haewoon Kwak, Changhyun Lee, Hosung Park et al, *What is Twitter, a Social Network or a News Media?* The 19th World-Wide Web(WWW) Conference, Raleigh, NC, USA, April 26-30, 2010

17. Hausmann, A., Poellmann, L., Using social media for arts marketing: theoretical analysis and empirical insights for performing arts organizations. *International Review on Public and Nonprofit Marketing*, 1-19, 2013

18. Hinchcliffe, The state of Web 2.0. *Social Computing Magazine*, 2007

19. Igarashi, Taka, Yoshida: A longitudinal study of social network development via mobile phone text messages focusing on gender differences. *Journal of Social and Personal Relationships*, 2005

20. Igarashi, Takai, Yoshida, Gender differences in social network development via mobile phone text messages: A longitudinal study. *Journal of Social and Personal Relationships*, 2005

21. Jones, Social media marketing 101, Part 1, *Search Engine Watch*, 2006

22. Kaplan, Haenlein, Users of the world, unite! The challenges and opportunities of Social Media, *Business horizons*, 2010

23. Kim, *A Model of Close-Relationship among Mobile Users on Mobile Social Network*. In Dependable, Autonomic and Secure Computing (DASC), IEEE Ninth International Conference, 2011
24. Maccoby, Solomon, Manoff, Vasin, Mirov, Glaser-Weisser, *Heart Disease Prevention: Community Studies*. Archiv Patologii, 1981
25. Meeyoung Cha, Hamed Haddadi, Fabrício Benevento, etc, *Measuring User Influence in Twitter: The Million Follower Fallacy*. International AAAI Conference on Weblogs and Social Media(ICWSM), May, 2010.
26. Dejin Zhao et al, *How and Why People Twitter: The Role that Microblogging Plays in Informal Communication at Work*. In Proceedings of the ACM 2009 international conference on Supporting group work, 2009
27. Picazo-Vela, Gutiérrez-Martinez, Luna-Reyes, Understanding risks, benefits, and strategic alternatives of social media applications in the public sector. *Government Information Quarterly*, 2010
28. Qualman, *Socialnomics: How Social Media Transforms the Way We Live and Do Business*. John Wiley & Sons, 2010
29. Schmeling, Wotring, Agenda-setting effects of drug abuse public service ads. *Journalism & Mass Communication Quarterly*, 1976
30. Sherpa Marketing, *Social Media Marketing and PR Benchmark Guide*, 2009
31. Snead, Social media use in the US Executive branch. *Government Information Quarterly*, 2012
32. Spannerworks, *What is Social Media*. 2007
33. Sutton, Palen, Shklovski, *Backchannels on the Front Lines: Emergent Uses of Social Media in the 2007 Southern California Wildfires*. In Proceedings of the 5th International ISCRAM Conference, 2008
34. Trusov, Bodapati, Bucklin, *Determining Influential Users in Internet Social Networks*. Available at SSRN 1479689, 2009
35. D. J. Watts, Influentials, networks, and public opinion formation.

Journal of Consumer Research, 2007

36. YeSZ, WuSF, *Measuring Message Propagationand Social Influence on Twitter*. Proceedings of the 2nd International conference on Social Informatics, 2010

37. Yamaguchi Y, Takahashi T, AmagasaT, et al. *TURank: Twitter User Ranking Based on User — Tweet Graph Analysis*. Proceedings of the 11th International Conference on Web Information Systems Engineering, 2010

38. 陈韵博、张引:《SNS时代的环保公益传播:以绿色和平组织在中国内地的实践为例》,《新闻界》,2013年第5期

39. 王宇静、王志鑫:《博客公益传播新理念》,《新闻世界》,2009年第6期

40. 涂诗卉:《浅析微博时代的公益发展契机——以新浪微博公益模式为例》,《新闻世界》,2011年第7期

41. 盛夏:《微博"蝴蝶效应"的勃发与流变——以"免费午餐"公益慈善项目为例》,《新青年》,2012年第7期

42. 刘清、彭赓、王苹:《基于主成分分析法的微博影响力评估方法及实证分析——以"新浪微博"为例》,《2012年基于互联网的商业管理学术会议报告》

43. 原福永、冯静、符茜茜:《微博用户的影响力指数模型》,《现代图书情报技术》,2012年第6期

44. 钟智锦、李艳红:《新媒体与NGO:公益传播中的数字鸿沟现象研究》,《思想战线》,2012年第6期

45. 张艳:《基于社会化媒体之公益传播"翘尾现象"探析》,《新闻知识》,2012年第2期

46. 张哲:《社会化媒体对传播方式的影响分析》,《人民论坛》,2011年第8期

47. 王明会、丁焰、白良:《社会化媒体发展现状及其趋势分析》,《信息通信技术》,2011年第5期

48. 王金礼、魏文秀:《微博的超议程设置:微博媒介与受众的议程互动——以随手拍解救乞讨儿童事件为例》,《当代传播》,2011年第5期

49. [美]马克斯韦尔·麦库姆斯:《议程设置:大众媒介与舆论》,郭镇之、徐培

喜译,北京大学出版社,2008年

50. 王炎龙:《我国媒体公益传播研究分析》,《新闻界》,2009年第3期
51. 马晓荔、张健康:《公益传播现状及发展前景》,《当代传播》,2005年第3期
52. 张臻:《社会化媒体环境下中国公益传播新形态研究》,暨南大学,2012年
53. 游恒振:《社会化媒体的演进研究》,北京邮电大学,2012年
54. 王颖:《试析网络公益传播的类型与特点》,《中国传媒科技》,2012年第2期
55. 王蕾、房俊民:《网络论坛质量评价的影响因素研究》,《情报科学》,2011年11期
56. 宁琳:《微博公益慈善研究》,广西大学,2012年
57. [美]谢尔·以色列:《微博力》,任文科译,中国人民大学出版社,2010年
58. 喻国明:《微博影响力的形成机制与社会价值》,《人民论坛》,2011年第34期
59. 李军、陈震、黄霁崴:《微博影响力评价研究》,《信息网络安全》,2012年第3期
60. 聂艳梅:《我国公益广告传播的市场化策略研究》,厦门大学,2001年
61. 常演丽:《新媒体公益广告的创意研究》,北方工业大学,2012年
62. 任福兵:《政府微博影响力的评价指标体系研究》,《中共合肥市委党校学报》,2013年第1期
63. 张玥、朱庆华、黄奇:《层次分析法在博客评价中的应用》,《图书情报工作》,2007年第8期
64. 乔占军:《慈善组织公信力重塑进程中网络公益传播策略体系研究》,《新闻界》,2013年11期
65. 范青云:《基于社会化媒体的公益活动研究》,中国社会科学院,2012年
66. [美]斯蒂芬·李特约翰:《人类传播理论》,史安斌译,清华大学出版社,2004年
67. 陶志强:《中国民间慈善的网络传播研究》,暨南大学,2011年
68. 徐艺欣:《基于社会化媒体的精准营销研究——以新浪微博为例》,大连海事大学,2013年

69. 吴景:《SNS(社会化网络服务)的发展现状及前景研究》,湖南大学,2010 年
70. 杨子武:《SNS 网站质量评价研究》,中南大学,2011 年
71. 杨萍:《自媒体时代微博公益传播研究》,西南大学,2012 年
72. 熊会会:《基于复杂网络的微博客信息传播机制研究》,华南理工大学, 2012 年
73. 王慧:《艾滋病相关博客的传播特征和发展策略》,《新闻世界》,2010 年第 10 期
74. [美]奎尔曼:《颠覆:社会化媒体改变世界》,刘吉熙译,人民邮电出版社,2010
75. 陈家华、程红:《中国公益广告:宣传社会价值新工具》,《新闻与传播研究》,2003 年第 10 期
76. 陈林:《社会化媒体的营销力》,《广告大观(综合版)》,2009 年第 10 期
77. 崔传桢:《电视公益广告运作实例》,《市场观察》,2004 年第 1 期
78. 单晓彤:《微信传播模式探析》,《新闻世界》,2013 年第 2 期
79. 董毅:《"青歌赛":有效的公益传播》,《新闻界》,2009 年第 6 期
80. 付玉辉:《社会化媒体传播的逻辑和边界》,《广告大观》,2012 年第 1 期
81. 高婧丽:《传播生态学视野下的我国 SNS 网站研究》,北京印刷学院, 2009 年
82. 高萍:《公益广告初探》,中国商业出版社,1999 年
83. 何斌、徐忠波:《公益行动:打造媒体影响力的利器》,《中国广播电视学刊》,2009 年第 4 期
84. 史亚光、袁毅:《基于社交网络的信息传播模式探微》,《图书馆论坛》,2009 年第 6 期
85. 姜瑞娟:《面向大学生的移动 SNS 传播模式研究》,西南大学,2012 年
86. 赖俊杰:《关于公益广告管理几个问题的思考》,《市场与管理》,2010 年
87. 李卉:《电视公益传播的示范与管理》,《新闻界》,2010 年
88. 李振昌:《浅谈公益广告的"创意"》,《广告大观》,2001 年第 2 期
89. 孟燕:《微博公益传播机制研究》,山东大学,2012 年
90. 闵栋、刘东明、郭涛:《移动互联网 SNS 业务浅析》,《现代电信科技》,2010

年第 5 期

91. 南平:《公益传播:为社会和谐的沟通与互动》,《武汉化工学院学报》,2005年第 6 期

92. 潘军宝:《基于消费价值理论的移动微博持续使用意愿实证研究》,北京邮电大学,2012 年

93. 曹守婷:《微公益时代:公益与网络的联姻》,福建师范大学,2012

94. 王丽新:《开心网的传播特性研究》,吉林大学,2011 年

95. 许筠芸、陆贤彬:《移动社会化媒体技术接受与匹配影响因素研究——以移动微博客户端发布行为为例》,《经济与管理》,2013 年第 2 期

96. 新浪网:《中国公益慈善十年回顾:财富爱心洪潮亟须疏导》,http://gongyi.sina.com.cn/gyzx/2012-12-24/075439989.html

97. 基金会中心网:《网络捐赠成慈善发展新"爆点"》,http://crm.foundationcenter.org.cn/html/2013-10/711.html

98. 网易博言:《北大报告称有成员在体制内工作家庭收入明显较高》,http://ksdb1509639.blog.163.com/blog/static/88776022201361855258844/

99. 中国国情网:《移动应用 App 的发展现状、问题及展望》,http://guoqing.china.com.cn/2014-01/13/content_31170557.htm

100. 51 资金项目网:《2012 年新浪微博热门话题、微博红人、微博名人排行榜》,http://news.51zjxm.com/bangdan/20121219/25300.html

101. 驱动之家:《国内微博市场份额:新浪 57% 遥遥领先》,http://news.mydrivers.com/1/197/197788.htm

102. 人民网:《江苏餐饮协会发"光盘行动"倡议拒绝"剩宴"》,http://js.people.com.cn/html/2013/01/25/203504.html

103. 京华时报:《"免费午餐"成在公开透明》,http://epaper.jinghua.cn/html/2011-09/26/content_704026.htm

图书在版编目(CIP)数据

社会化媒体与公益营销传播/赵曙光,王知凡著. —上海:复旦大学出版社,2014.9
(新媒体传播先锋论丛)
ISBN 978-7-309-10965-8

Ⅰ.社… Ⅱ.①赵…②王… Ⅲ.传播媒介-市场营销-研究 Ⅳ.G206.2

中国版本图书馆 CIP 数据核字(2014)第 208670 号

社会化媒体与公益营销传播
赵曙光　王知凡　著
责任编辑/高　婧

复旦大学出版社有限公司出版发行
上海市国权路 579 号　邮编:200433
网址:fupnet@fudanpress.com　http://www.fudanpress.com
门市零售:86-21-65642857　团体订购:86-21-65118853
外埠邮购:86-21-65109143
上海华教印务有限公司

开本 787×960　1/16　印张 12.5　字数 182 千
2014 年 9 月第 1 版第 1 次印刷

ISBN 978-7-309-10965-8/G·1419
定价:29.80 元

如有印装质量问题,请向复旦大学出版社有限公司发行部调换。
版权所有　　侵权必究